KB106287

뭐가 되려고 그러니?

아 이 를 키 우 면 서 알 게 된 것 들

뭐가 되려고 그러니?

최윤정 지음

바람의아이들

뭐가 되려고 그러니?

초판 1쇄 발행●2012년 4월 30일
지은이●최윤정
펴낸이●최윤정
펴낸곳●바람의 아이들
만든이●최문정 이창섭 김민영 박미란 이민영
등록●2003년 7월 11일 (제312-2003-38호)
주소●121-841 서울시 마포구 서교동 448-29
전화●02-3142-0495
팩스●02-3142-0494
이메일●windchild04@hanmail.net

ISBN 978-89-94475-29-5 03590
978-89-90878-67-0(세트)

손주 사랑이
각별하신
내 어머니께

어른들은 태어날 때부터 어른이었나 봐. 아무것도 몰라!
– 변선진, 『절대 보지 마세요! 절대 듣지 마세요!』 중에서

이 책을 펴드는
낯 모르는 '엄마'들에게

아들은 카톡과 페이스북으로 친구들을 몽땅 데리고 식탁에 앉기가 일쑤고 딸은 '취업 뽀개기' 사이트에서 만난 사람들과 면접 스터디를 한다고 한다. 이런 아이들에게서 '엄마 때는 어땠어?' 류의 질문을 받으면 내가 혹시 한 100년쯤 산 게 아닐까? 하고 순간적인 착각이 든다. 아니, 저 아이들만 했을 때도 내 별명은 19세기였으니 내 아이들과 나의 세대 차이는 100년이 아니라 200년이라는 계산이 맞는지도 모르겠다. "뭐가 되려고 그러니?" 혹은 "뭐가 되려고 저러나 몰라!" 부모 노릇하다 보면 한두 번쯤 내뱉게 되는 이런 대사는 무언가 되는 것에 대한 관심이라기보다는 소통불가능성에 대한 탄식에 가깝다. 자식을 키운다는 것은, 자식을 위해서 무언가를 해주는 것이라기 보다는 자식에 대해서 알아나가는 과정인 것 같다. 아이의 시선으로 세상을 바라보는 연습을 통해서 아이와의 공감대를 만들어나가려는 노력인 것 같다. 이 일은 결코 쉽지 않다. 우리가 아이가 아니라 어른이라는 아주 단순한 사실 때문에. 아이와 어른은 상태가 다른 존재라는 명백한 사실 때문에.

어떻게 사는 것이 잘 사는 것인지 근본적으로 알지 못하는 회의주의자인 까닭에 나는 자식교육에 영 자신이 없었다. 그러니 내 아이들에게 모범을 보이거나 비전을 제시할 엄두 같은 것은 내지 않았다. 가끔 내 경험에는 '이게 맞아', 라고 생각되는 경우에조차도 강하게 이끌지 못했다. 인생에는 내가 경험하지 못한 것들이 훨씬 더 많다는 생각에 늘 망설여졌기 때문이고 소문이 무성한 교육 정보들은 의심스럽고도 위험해 보였기 때문이다. 자식의 인생이 걸려있는데, 남들은 어떻게 저렇게 입장이 분명할 수 있는지 나는 알지 못했다. '혹시 아니면 어떡하지?' 하는 두려움은 늘 나를 고민하게 했다. 인간은 자기 마음에 드는 인생을 만들어나가야 한다는 게 내 생각이다. 나는 적어도 내 아이들에게 이 점을 교육하고 싶었지만 문제는 내 아이들이 자기가 어떤 삶을 원하는지 모른다는 점이었다. 한순간도 생각이라는 것을 할 시간이 없는 학교와 끊임없이 생각하라는 엄마의 주문 사이에서 헷갈려하면서 아이들은 용케도 자라났다.

이 책은 육아 에세이일 뿐, 자녀교육서가 아님을 여기서 밝혀두고 싶다. 내가 지난 8년간 우리 집 아이들의 말을 두서없이 받아 적어놓은 시시콜콜한 이야기들이다. 이 일을 통해서 나는 흔들리는 엄마 노릇을 버텨낼 수 있었다. 그동안 내게 힘이 된 것은 교육 전문가들의 조언이 아니라 동화책이었고 청소년 소설이었다. 설마, 문학작품이 내가 육아에서 부딪히는 문제들에 답을 주었다는 뜻은 아니다. 그런 게 아니고, 아이였던 내가 어른이 되면서 청산하지 못한 문제들을 거기서 발견했고 아이 앞에 놓인 인생과 세상은 얼마나 막막한지 새삼스럽게 깨달았다는 뜻이다. 이 사소한 일상의 기록들을 다 정리해내고 나니, 첫 책『책 밖의 어른, 책 속의 아이』를 펴낼 때의 마음가짐으로 돌아간다. 그 책을 나는 우리 두 아이와, 그 아이들과 함께 세상을 살아나갈 모든 아이들, 그리고 아이들을 키우는 모든 부모들에게 바쳤었다. 그 후, 15년이 지난 오늘, 나는 여전히 아이들을 키우는 부모들에게 말을 걸고 싶다. 틀린 것도 많은 내가 작성한 이 오답노트 한 권으로. 조심스럽게.

어떠한 경우에도 아이들은 세상의 희망이다. 그리고 그 아이들을 가장 힘들게 할 수 있는 것은 아이러니컬하게도 바로 우리, 부모들이다. 아이들을 잘 키우고 싶다면 내 인생부터 점검해봐야 옳다. 성공 사례를 통해서 우리는 운이 좋아야 겨우 성공하는 방법이나 배울 수 있을 뿐이지만(하지만 성공한 자의 삶이 행복하다고 누가 그랬나?) 실패의 경험를 통해서 우리는 성공하는 방법 이외의 거의 모든 것을 배울 수 있다고 나는 생각한다. 죽어라 공부해서 명문대에 합격하고 나더니, 부모에게 욕을 해주고 싶다는 아이 이야기를 들었다. 열심히 공부했고 성적도 우수했지만 수능시험을 망쳐서(말도 많고 탈도 많은 수능이라는 시험을 자세히 들여다보라, 그런 일은 얼마든지 가능하다!) 자존감이 없어진 아이도 보았다. 성적 때문에 자살하고 부모를 죽이는 아이들 이야기는 뉴스에 나오지만 뉴스에 나오지 않는 정도의 가슴 아픈 이야기들은 우리들 곁에 얼마든지 있다. 마음이 아프다.

얼마 전에 티브이에 나온 변영주 감독이 20대 젊은이들을 위한 도움말을 주문받고서 이렇게 말했다. "막 사세요! 부모님 말씀 듣지 마세요!" 그 순간, 카메라는 변감독에게서 20대 젊은이들인 방청객으로 옮아갔다. 카메라는 느리게 그 아이들을 훑었다. 그리고 나는 놓치지 않았다. 그들의 얼굴에 번져가는 밝은 미소를. 그러나 과연 그 아이들은 변감독의 말을 이해했을까? 변영주가 훌륭한 감독이 된 것은 물론 부모 말을 듣지 않았기 때문일 것이다. 많은 경우에 무언가가 된 사람들이 그렇듯이. 그러나 부모 말을 듣고 사는 것은 '막 사는 것'보다 백배는 편한 일이라는 것을 아는 아이들이 과연 얼마나 될까? 세상이 많이 변했다. 부디 어른들이 아이들에게 무언가를 해주려고 온갖 희생을 치르는 일을 그만두었으면 좋겠다. 그리고 어른에게 복종하는 것이 더 이상 미덕이 아닌 오늘날, 부모들은 아이들에게 적어도 한 가지는 새롭게 가르쳤으면 좋겠다. 어른들도 아이들을 이해해야 하지만 아이들도 어른들을 이해해야 한다고. 어른들과 아이들은 근본적으로 다른 존재들이므로 서로의 차이를 이해하고 존중해야만 어른과 아이가, 나아가 어른이 될 아이들끼리도 화해로운 관계를 유지할 수 있다. 인간과 세상의 많은 부분이, 관계에서 비롯되지 않는가! 지금의 아이들이 우리 사회의 주역이 될 때쯤, 세상은 지금보다 나아졌으면 좋겠다. 이상하게 돌아가는 정치 뉴스를 보면서 우리 아들이 이렇게 말했다. "우리 때는 다를 거야!" 그랬으면 좋겠다. 정말 그랬으면 좋겠다.

2012년 봄, 새롭게 출발하는 내 아이들을 바라보며,

최윤정

01 아이들은 자란다

02 오답 노트

03 입시의 터널

04 자식한테 지는 법

05 나, 이제 성인이라고!

프롤로그

1.

엄마가 되기 이전까지 나는 엄마가 된다는 생각을 해본 적이 없다. 당연히 내가 어떤 엄마를 연기할 수 있는지 개념이 없었다. 그러니까 엄마가 된 것은 내게는 참으로 황당한 사건이었다. 지금에야 깨닫는 것이지만 결혼을 하려면 내가 어떤 결혼생활을 원하는지 가능한 구체적으로 생각해보아야 하고, 엄마가 되려면 나는 어떤 엄마가 될 수 있는지 현실적으로 생각해보는 것이 바람직한 것 같다. 하다못해 꿈이라도 꾸는 것이 좋은 것 같다. 그렇게 해보지 못하고 결혼을 하고, 아이를 낳은 나는 매사 뒷북이었다. 잘하는 것이라고는 생각밖에 없는 나는 살아왔다기보다 코앞에 닥친 인생도 풍경처럼 건너다보면서 세월을 견뎌온 거 같다. 한 이십 년 넘게 그렇게 하고 나서야 이러저러한 것들이 이해가 되는 걸 보니 확실히 나는 느리다. 느려터졌다. 이렇게 느려터진 나를 가장 가까운 곳에서 봐내야 했던 가족들은 정말 답답했을 것이다. 그러나 답답했던 건 나도 마찬가지다. 내가 나인 것과 내가 엄마인 것 사이에서 일어나는 분열 현상을 어떻게 극복해야 하는지 가르쳐주는 사람도 책도 없는 마당에 내게 떠넘겨지는 '해야 한다'는 왜 그렇게 많은 건지! 내가 폭발하지 않을 수 있었던 것은 그나마 느려터졌기 때문이 아닐까 싶다.

이제야 눈이 뜨이고 귀가 뚫리고 말문도 터지는 것 같은데 아이들은 다 커버렸다. 다 커버린 아이들이 나를 내려다보며 "엄마는 왜 이렇게 꼬마야?" 이런다. 나보다 훌쩍 큰 아이들을 올려다보면 정말 그런 생각이 들기도 한다. 아이들을 키우느라 동화책을 보고 동화책을 보다가 직업까지 바꾼 나는 아직도 동화책을 보고 있다. 동화책 따위가 시시해진 아이들은 엄마까지 시시해 보이는 모양인데, 그게 또 이해가 된다. 정말이지 아이들은 내 인생을 바꾸어버렸다. 졸지에 '시시해진' 내가 혼자 피식피식 웃는다. 내가 아이들을 어떻게 키웠는지 생각해보고, 어떻게 키웠어야 했는지도 생각해본다.

2.

큰아이와 나는 정확하게 서른 살 차이가 난다. 그런데 그 아이가 이제 스물을 훌쩍 넘겼다. 작은아이도 주민등록증이 나왔다고 뿌듯해하던 때가 벌써 일 년이나 지났다. 그러니까 아이들은 이제 더 이상 아이들이 아닌 거고, 나는 어른이 된 아이들에게는 엄마 노릇을 어떻게 해야 하는지 또다시 당황하고 있다. 나이는 서른이나 되었지만 할 줄 아는 게 별로 없던 내가 결혼이 만들어내는 일상의 복잡함에 도대체 적응을 못하던 시절, 프랑스 유학에서 돌아온 지 몇 달 되지 않던 터라 더더욱 모든 게 낯설었고 피곤했던 어느 날, 나는 아이를 가졌다는 걸 알게 되었다. 인생이 전반적으로 세팅이 안 되었을 뿐만 아니라, 남편의 박사학위증을 담보로 개설한 마이너스 통장이 가정경제를 책임지던 시절이었다. 우리 딸은 하필 그런 때를 골라서 내게로 왔다.

아이를 낳고 나서 내가 가장 먼저 알게 된 것은, 아이는 엄마가 낳아주는 것이 아니라는 사실이다. 아기는 엄마 뱃속에서 열 달을 지내고 저 혼자 힘으로 세상에 나온다. 출산예정일을 계산하는 의사나 산고를 치르는 산모가 알 수 없는 어떤 시간을 택해서 커다란 머리로 좁은 산도를 밀고 나온다. 신기하지 않은가, 산모의 고통은 아기를 낳아보지 않은 사람조차도 말할 수 있지만 자궁이라는 따뜻한 보호막 속에서 찬 공기 가득한 세상으로 기어나오는 태아의 힘겨운 노력은 아기를 낳아본 여자들만이 느낄 수 있다. 숱한 육아서들에는 생후 1년 동안의 모자관계가 일생을 지배한다고 쓰여져 있다. 그걸 읽고도 나는 그게 무슨 말인지 알지 못했다. 태어난 아기를 눈앞에 두고도 별로 이해하지 못했다. 그보다는 아기에게는 무한한 사랑의 보살핌이 필요하지만 그게 꼭 엄마여야 하는 것은 아니라는 말을 더 믿었다. 내 손으로 아기를 보살필 수 없는 처지라서 그랬을 것이고 아기는 내가 돌보지 않아도 잘 크는 것처럼 보여서 그랬던 것 같다. 참으로 이기적인 판단이었다. 아기에게는 출생 자체가 충격이지 않겠는가. 낯선 세상에 적응하려면 열 달 동안 익숙했던 '엄마'의 모든 것이 필요한 것은 얼마나 당연한가! 아기가 제 발로 걸어서 삶이라는 탐험을 시작하기 전까지는 다른 누구도 아닌, 엄마가 지켜주어야 하는 것이다.

어리석게도 나는 이런 당연한 사실을 두 아이들을 다 키우고 나서야 깨달았다. 그러고 보면, 태교를 중요시하는 것도 그렇고 인간의 나이를 태어나자마자 한 살로 치는 우리나라 사람들은, 태어난 날짜로부터 정확하게 계산하는 서양 사람들보다 훨씬 휴머니스트라는 생각이 든다.

아이를 품에 안고 젖을 물리던 순간의 느낌은 '완벽'이라는 낱말을 닮았었다. 모든 것을 잊게 만들던, 아가들만의 웃는 얼굴, 걸음마를 익히고, 말을 배울 때의 신기한 느낌들을 아직도 기억한다. 이상하게도 그렇다. 나보다 훌쩍 커버린 아이들을 쳐다보고 있으면 어렸을 적의 모습이 문득문득 오버랩 되곤 한다. 아이들이 마음에 들지 않을 때면 어렸을 때랑은 왜 저렇게 다를까, 그런 생각을 하곤 한다. 그런데 어느 날 문득, 나는 거꾸로 생각하기 시작했다. 저 아이는 내가 기억하지 못하는 자기 과거들의 축적이 아닐까? 당연히 그렇지 않겠는가! 얼떨결에 엄마가 되어 육아와 교육에 대한 이런저런 책을 읽고 남들이 이러쿵저러쿵 하는 걸 보고 들어도 나는 도통 아이를 어떻게 키워야 하는지 알 수 없었다. 그런 내가 결심했던 것은 단 한가지였다. 아이에게 무엇을 강요하지 않겠다는 것, 내가 바라는 사람으로 키우지 않고, 자기가 원하는 삶을 살도록 도와주겠다는 것이었다. 그런데 아이러니컬하게도 다 자란 아이들의 말을 들어보면 나는 정반대의 교육을 해야 했던 게 아닌가 의심이 들곤 한다. 뭐든 스스로 하라고 하고, 네 생각은 무엇이냐고 자주 물어보는 통에 아이들은 자유롭기도 했겠지만 우리 아이들은 엄마가 시키는 대로 하면 되는, 다른 집 아이들이 누리는 단순한 안정감이 부러웠던 모양이다. 세상을 하나의 커다란 책으로 이해하고, 공부가 삶의 중심이었던 부모 밑에서 자라느라 우리 아이들은 얼마나 힘이 들었을까. 소설과 인생이 다르다는 것을 아직도 잘 소화해내지 못하는 엄마 밑에서 자라느라 얼마나 고생이었을까.

자식은 열심히 키울수록 부모랑 반대가 되는지도 모르겠다. 모든 걸 책으로 해결하려는 경향이 있는 나는 아이를 키우는 것도 그랬다. 그러나 육아서들은 내게 아무것도 가르쳐주지 못했다. 내게 아이들에 대해서 가르쳐준 것은 동화책이었다. 동화책 속에는 생생한 아이들 마음이 담겨있었다. 동화책을 통해서 나는 아이들이 어떻게 살아가는지 알게 된 것 같다. 우리 딸은 동화에 나오는 아이들 얘기를 해주면 "맞아!"라면서 속 시원해하곤 했는데 그 때문에 나는 책 속의 아이들과 진짜 내 아이들의 심리를 혼동하기도 하고 오해하기도 했다. 그게 과연 내 아이들에게 좋은 일이었는지 나쁜 일이었는지는 아직도 모르겠다.

부모 노릇은 원래 힘이 든 거라지만 하나의 인간으로서 나는 억울한 생각이 들곤 한다. 처음에는 아이들 눈높이를 맞춰줘야 했다. 더 이상 어린이가 아닌 내가 아이들과 눈높이를 맞춘다는 건 절대 쉬운 일이 아니었다. 언어 이외의 거의 모든 것에 서투른 내가 말로 자기를 잘 표현하지 못하는 아이들의 마음을 읽어내는 일은 특히나 어려웠다. 그 점에서도 동화책은 내게 많은 도움이 되었고 덕분에 나는 아이들과 원만한 관계를 가질 수 있었다. 겨우 그 일에 적응하고 나니 아이들은 훌쩍 자라버렸고 엄마가 유치하다고 싫어했다.

청소년기 부모 노릇은 또 달랐다. 눈높이 맞추는 게 중요한 게 아니고 자의식을 존중해줘야 했다. 나는 새로운 훈련을 해야 했다. 청소년기가 되면 말이 없어지는 게 특징이니, 아이들을 이해하는 일은 더 어려워졌다. 나는 청소년소설을 읽기 시작했다. 외국에는 청소년소설이 그렇게 많은데 우리나라에는 '지금, 여기서' 살고 있는 아이들의 이야기가 없었다. 결국 나는 동화 작가들에게 청소년소설을 쓰라고 부추겼다. 그들이 써낸 소설을 읽으면서 요즘 아이들의 정서를 이해한다고 스스로 만족하고 있었는데 정작 그 당시 청소년이던 우리 딸이 한마디로 일갈했다. "번듯번듯한 어른들이 불량한 척하는 얘기잖아!" 청소년기의 아이들은 부모가 자신들을 쿨하게 대해주기를 바라기도 하고, 동시에 엄격하게 기준을 잡아주기를 바라기도 하는 것 같다. 또 때로는 은근히 롤모델을 기대하는 것도 같다. 그러나 아이들이 어린이였을 때나 청소년일 때나 나는 똑같은 '어른'인데 어쩌라는 말인가! 다행히 청소년기는 빨리 지나갔다.

5.

출근길에 틀어놓은 라디오에서 '미자 씨'의 엄마에 관한 이야기가 청취자들의 심금을 울렸다. 맥락으로 보아 미자 씨는 중년여성이 아닐까 싶은데, 시집살이 때문에 자식들 키우느라 평생 소리내서 웃어보지도 못하고 하고 싶은 것 맘대로 해본 적이 없는 엄마 생각이 결혼생활을 하고 늙어갈수록 새록새록 난다는, 안 들어도 다 아는 사연이었다. 이상하게 그런데도 마음이 짠했다. 내 어머니와도 상관없는 드라마이고, 어머니인 나와도 상관없는 이야기인데도 그랬다.

어쩌면 우리 모두는 '어머니'에 대해서 수많은 현실의 어머니와는 상관없이 어디선가(아마도 문학작품 속에서 혹은 도덕책이나, 혹은 또 의외로 힘이 센 가부장적 사고방식에서) 세뇌당한 이미지를 간직하고 사는지도 모르겠다. 그러면서 그 이미지와 맞지 않는 내 어머니에 대해서 불평을 하고 사는지도 모르겠다. 그리고 어른이 되어서는 그런 어머니가 되려고 자기 현실과는 맞지 않는 노력을 하는지도 모르겠다. 나도 그랬다. 오랫동안. 전문직 여성이며, 문학을 하느라 감성이 예민하고 그 중에서도 비평을 하느라 생각은 늘 논리적이고 외국과 관련된 일을 많이 하느라 비교적 글로벌한 사고방식을 가지고 있고, 모든 일을 혼자 이루어야 했기에 항상 외로움과 씨름해야 하는 환경 속에 살며, 늦은 나이에 어쩌자고 회사까지 차려서 언제나 해결해야 할 문제덩어리를 하나 가득 안고 있으나 몸도 마음도 생래적으로 강인하지 못한 중년의 여자. 그게 나다. 써놓고 보니 좀 장황하지만 어쩔 수 없다. 이런 내가 어떤 어머니여야 하는지 생각해보는 순간이기 때문에.

이런 내가 우리 아이들에게 '미자 씨의 어머니' 같은 엄마처럼 해주고 싶었던 거다. 늘 그립고 돌아가고 싶은, 무한한 애정과 이해를 베풀어주는, 한 번도 본 적은 없으나 매우 익숙한 누군가의 어머니. 말이 안 된다. 물론 그런 생각을 하면서 현실적으로 나는 (싫은) 선생님 같았다가 (한심한) 친구 같았다가 (어리광 시키는) 엄마 같았다가 (짜증나게 권위적인) 아빠 같았다가, 결국 이것도 저것도 아니면서 속으로는 불평불만만 쌓인 이상한 인간 노릇을 하면서 살아왔다. 엄마 노릇을 어떻게 해야 하는지 가르치는 곳은 없다. 자기가 경험한 엄마를 답습하거나 탈피하거나 대체로 그 두 가지 중의 한 가지 모양으로 모든 여성들은 자신의 엄마 역할을 수행해 나간다. 그런데 문제는 우리 사회가 너무 급격하게 변화하고 당연하게도 우리 아이들은 그 변화의 소용돌이에서 엄마들의 눈과 손이 닿지 않는 곳으로 끊임없이 빠져나가고 있다는 점이다.

6.

얼마 전 EBS에서 〈나는 엄마다〉라는 다큐 프로그램을 보고 깜짝 놀랐다. 육아가 얼마나 힘든 노동인가를 취재하는 일명 '마더쇼크'에 대한 프로그램이었다. 20대인 젊은 엄마는 아기를 돌보는 일에 지쳐있었다. 당연히 육아는 정신적, 육체적으로 몹시 고된 노동에 속한다. 그러나 인류는 역사가 시작된 이래, 아이를 낳고 기르는 그 노동을 멈추지 않고 있다. 왜 그렇겠는가. 당연히 그것은 단순한 노동이 아니기 때문이다. 아기를 돌보는 사람들은 누구든 행복을 느낀다고 말한다. 그 행복에 쉽게 고단함을 보상받는 것이다. 그런데 다큐 프로그램 속의 젊은 엄마는 이렇게 말했다. "이런 말 하면 안 되겠지만, 아기가 자꾸 울면 창으로 집어던져 버리고 싶어요." 그 말을 듣는 순간 나는 몸이 굳어버리는 것 같았다. 내 딸보다 몇 살 안 많아 보이는 젊은이였다. 자기중심적인 요즘 젊은 아이들이 충분히 그런 심정일 수 있겠다는 생각과 저 '아이'는 자기가 하는 말의 뜻을 알까, 하는 생각 그리고 실제로 아이를 아파트 창밖으로 던져버렸다는 인터넷 기사까지 생각나면서 진짜 그런 일이 있었는지, 내가 뭔가 착각하는지 혼란스러워졌다. 아기를 키우면서 몸이 몹시 아팠던 경험은 물론 내게도 있다. 몸을 움직일 수 없어서 아기를 돌보지 못하면 아가야, 미안해, 미안해, 나는 그렇게 말해주곤 했다. 미안한 마음이 내 몸에 오히려 약이 되곤 했다. 보통 엄마들은 그렇다. 모성이 본능이 아니라고 해도 엄마가 되면 몸에 배어드는 게 모성이다. 그런데 이제는 모성도 학습해야 하는 시대가 된 것인가.

모성은 본능이 아니다, 라고 나는 생각한다. 위대하고 아름다운 모성에 대한 이야기는 세상에 널려있는 탓에 엄마가 되고 나서부터 나는 끊임없이 모성 콤플렉스에 시달려야 했다. 하루하루의 삶에서 나 자신을 위해서 하는 것이 거의 없건만 쉽게도 날아드는, 충분히 희생하고 있지 않다는 비난 앞에 떳떳하기 어려웠다. 그러나 내게는 모성과는 상관없는 자기 동일성이 필요했다. 그리고 동시에 엄마가 되어가야 했다. 나를 엄마로 만드는 일에는 의식적인 노력이 필요했다. 그리고 그 노력을 통해서 나는 변화했다. 옛말에 결혼을 해야 어른이고 아이를 낳고 길러봐야 진짜 어른이라고 했는데 그 말이 영 틀린 건 아닌 것 같다는 걸 아이를 키우면서 느낀다.

그러나 깊이 생각해볼수록 내가 어른인지에 대해서는 자신이 없어진다. 성년과 미성년의 경계가 어른과 아이를 구분할 수 있는 것은 아닐 것이다. 그렇기 때문에 법으로 성년의 나이를 정한 것은 혹시 아닐까? 아이를 키우면서 나는 내 안에 자라지 못한 아이가 있다는 사실을 알게 되었고 아이와 어른의 경계가 모호해 보였다. 아이는 언제 어떻게 어른이 되는 걸까. 아이가 나보다 훨씬 성숙해 보이는 순간들이 있다. 아이는 어쨌든 어른이 된다. 원하든, 원하지 않든. 아이들을 키우는 일은 한편으로는 내 안의 아이를 키우는 일이기도 했다.

7.

아이들을 키우면서 어떻게 하면 좋지? 이런 물음에 부딪힐 때가 참 많았다. 그때마다 나는 답이 어디에 있을 거라고 생각했다. 답은 있는데 내가 모르는 거라고 생각해서 답답했다. 아이가 자라면 어떻게 되는 건지 궁금했다. 아이의 어떤 면은 어떻게 발전하는지 알고 싶었다. 그래서 내가 가장 열심히 한 일은 아이들을 관찰한 것이다. 스쳐 지나가버리는 순간들을 기록해서 저장해두는 작업이었다. 그건 참 재미있는 일이었다. 그 재미에 빠져서 나는 내가 나름대로 아이들을 잘 키우고 있는 줄 알았다. 그런데 돌아보니 그런 걸 쓰고 있는 시간에 밥이라도 한 번 더 해주고 옷가지라도 더 챙겨주고, 학교에도 좀 가보고, 애들 친구들이나 그 엄마들과도 어울려보고 그러는 게 훨씬 아이들에게 도움이 되었을 거 같다. 그렇지만 시간을 되돌린다고 해도 나는 그렇게 할 수 있는 위인이 못된다. 답이 없는 물음들을 안고 씨름한 지난 시간들이 못내 아쉽다. 그래도 눈앞에 얼쩡거리는, 훌쩍 커버린 아이들을 보면 얼마나 다행인지 모르겠다. 어쨌든 아이들은 다 컸고, 가끔씩 엄마를 한심해하기는 하지만 크게 억압으로 느끼지는 않는 것 같다. 모르는 일이지만 내 눈에는 그렇게 보인다. 잔소리를 아무리 해도 시도 때도 없이 후렴구처럼 "내 맘대로 할 거야!"라는 딸이나 "난 엄마가 공부 막 시키지 않고 키워서 참 좋아. 아마 엄마가 하라고 했으면 안 했을 거야"라던 아들의 말에 비춰보면. 자식에게 엄마가 필요 없는 나이란 없는 거라지만 그래도 아이들은 조금만 자라면 부모를 떠나고 싶어 한다. 오죽하면 박완서 선생은 부모란 자식들에게, 추우면 끌어다 덮고 더우면 걷어차 버리는 이불 같은 거라고 하셨다지 않는가.

8.

사람들은 본능적으로 자기와 같은 부류를 알아본다. 마치 짐승들이 자기 종족을 알아보는 것처럼. 모르는 아이들끼리 모아놓아도 이해할 수 없이 쉽게 친해지는 것도 그런 이유일 거라고 나는 생각한다. 사람과 사람 사이에는 벽이 있다. 어른들에게 그 벽은 아주 두터워서 자기 과가 아닌 사람들에게는 좀처럼 그 벽에 대한 경계를 늦추지 못한다. 아이들과 어른들 사이에도 그 벽이 있다. 그런데 어떤 어른들과 아이들 사이에는 벽이 없거나 아주 얇다. 아이들은 용케도 그런 어른을 알아보고 스스럼없이 대한다. 아이들에게 말을 거는 것은 어려운 일이다. 몇 살이야? 이름이 뭐지? 딱 두 마디 하고 나면 더 이상 어떻게 대화를 이어나가야 할지 모르는 어른들에게 아이들은 마음을 열지 않는다. 예전에 내가 그랬던 거 같다. 워낙 아이들을 좋아하면서도 아이들이란 유리 인형같이 신기하고 조심스럽게 다루어야 할 존재처럼 느껴져서 같이 어울릴 수가 없었던 것이다.

그러던 내가 어린이 책을 읽으면서 완전히 달라졌다. 아이들이 제일 편하다. 꼭 우리 아이들이 아니라도 아이들한테라면 편안하게 내 얘기를 할 수 있을 거 같고 부담없이 함께 시간을 보낼 수 있어졌다. 책이 사람을 변화시킨다고 했던가, 어른인 내가 아이처럼 깨끗해지거나 자유로워질 수는 없겠지만 아이들과 소통할 수는 있어졌다. 그랬다. 책은 나와 내 아이들에게 훌륭한 다리가 되어주었다. 나는 아이들을 이해하는 폭이 넓어졌고, 지시하고 명령하기에 앞서 아이들 말을 들어주게 되었다. 그러면서 내 안의 아이가 조금씩 조금씩 밖으로 걸어나왔다. 그리고 그 아이는 스스럼없이 세상에 손을 내밀었다. 우리 아이들은 쉽게 그 손을 잡았고 점점 더 나를 믿었다. 엄마로 그리고 인간으로. 착각인지 모르지만 나는 그렇게 느낀다. 이런 스스로의 모습을 지켜보는 건, 참 이상한 체험이었다. 나는 슬슬, 오랫동안 외면하고 살아왔던 세상과 화해하고 싶어졌다. 문학에 빠져 지내던 젊은 날과는 정반대되는 현상이다.

9.

어떤 의미에서 인간은 누구나 우물 안 개구리이다. 자식교육 문제에 대해서라면 쉽게들 목소리를 높이고 배타적인 태도를 보이는 것은 어쩌면 한낱 우물 안을 세상의 전부라고 생각하는 개구리 같은 태도인지도 모른다. 아니면 정반대로 우물 밖 세상에 대한 불안 때문인지도 모른다. 가정교육에 대해서라면 부모에게 배운 것을 자식에게 물려주는 것이 가장 바람직할 것이다. 그러나 50년대 후반에 태어나서 80년대 후반에 부모가 된 세대에는 그런 행운을 누릴 수 있는 사람이 그리 많지 않다. 가정에서 몸으로 익힌 전통적인 가치와 학교에서 머리로 익힌 합리적인 가치의 충돌을 살아내면서 어찌어찌 어른이 된 나같은 사람들에게 교육문제는 혼란스럽고 어려운 일이다. 많은 사람들이 옆집 아이가 하는 것을 내 아이도 해야 한다고 생각하는 건 어쩌면 그 혼란을 피하는 방법이 아닐까 싶다.

큰아이가 어렸을 때 재미 삼아 인터넷으로 '부모 검사'라는 걸 해본 적이 있다. 나는 원칙이 없고 같은 일도 기분에 따라서 허락했다 금지했다 하는가 하면, 때에 따라 아주 민주적이고 개방적이지만 또 어떤 때는 아주 고리타분하고 엄격한 부모라는 결과가 나왔다. 게다가 이런 부모는 최악이라는 평가가 나왔다. 아이가 어느 장단에 춤을 춰야 할지 모르기 때문에 교육효과를 기대하기 어렵다는 것이었다. 충격이었다. 내 나름대로는 괜찮은 엄마가 되려고 성실하게 노력 중이었는데 '조사'의 결과는 가차 없었다. 두 마리 토끼를 잡기는커녕 쳐다보기만 하고 있는 격인 내 교육방식이 통계와 분석이라는 '객관적인' 방법으로 적나라하게 드러난 것이었다.

그 후, 20년이 흘렀다. 내 아이들이 스무 살이 넘는 동안 나는 얼마나 변했을까? 아이를 키운다는 것은 내가 누구인지 생각하는 일이기도 했다. 아이들이 자라는 것을 지켜보면서 나는 내가 어떻게 살아왔는지, 어떤 순간들에 어떤 나쁜 혹은 좋은 선택을 했는지 되돌아볼 수 있었고, 인생은 선택의 연속이며 그 선택에서 가장 중요한 것은 자존감이며, 자존감의 뿌리는 가정이라는 잠정적인 결론을 내렸다. 아이를 키운다는 것은 아이가 어떤 삶을 살아갈지를 가늠해 보는 일이며 동시에 내 자신의 인생관을 점검하는 일이라고 생각된다. 애들이 스무 살만 넘으면 엄마 노릇할 일이 없다고 생각했다. 독립할 때까지 생활비나 책임져주면 되지 않을까 했다. 그런데 애들이 거의 다 크고 보니 꼭 그렇지도 않다. 뿐만 아니라, 내가 나인 것에 집중하는 것이 다 큰 아이들의 엄마 노릇일 거라는 생각이 든다. 어쩌면 이제야 좋은 엄마가 될 수 있을지도 모른다는 예감이 나를 살맛 나게 한다!

아이들은
자란다

01

영재검사 한번 받아보시면 어떨까요?

우리 딸이 5살 때였을 것이다. 선생님이 내게 아이의 남다른 점을 이리저리 설명한 끝에 영재검사를 한번 받아보면 어떻겠냐고 권했다. 들어보니, 우리 딸은 선생님을 참 힘들게 하는 아이였다. 귀찮을 법도 하건만, 이 선생님은 아이에게 매사 따로 설명하고 타이르고 기분을 맞춰주면서 이런저런 자료를 찾아본 모양이었다.

엄마들은 대체로 아이를 키우면서 자기 애가 참 똑똑하다는 생각을 하는 순간들이 있다. 어른과 아이의 인식차이와 아이들 특유의 표현법 때문에 그런데, 우리 아이는 아닌 게 아니라 나를 생각하게 하는 때가 많았다. 그러나 나는 생각 끝에 똑똑한 거랑 엉뚱한 거랑은 다르다는 결론을 내리고 있었다. 그래도 선생님의 권유는 잠시 나를 흔들리게 만들었다. 영재아들은 보통 아이들과 다르다. 그래서 자기를 이해해주지 못하는 사람들에 둘러싸여, 자기 생각과는 다른 방향으로 행동하고 살아야 한다면 남들보다 몇 배의 스트레스를 받는다고 한다. 영재아들을 따로 모아 교육해야 하는 것은 장애를 가진 아이들을 특별 배려해야 하는 것과 같다고 한다. 이치에 맞는 말이다.

영재검사의 질문리스트를 훑어본 나는 고민에 빠졌다. 이 아이가 혹시 영재면 어떡하지? 혹시 영재라고 해도 영재들이 반드시 능력 있는 어른이 되는 것도 아니어서 아이에게 영재교육 같은 걸 시킬 마음은 없었지만, 아이가 겪을 일종의 불편함을 생각하니 걱정이 되었다. 선생님은 서초동 어딘가에 있다는 영재교육센터까지 친절하게 알려주셨지만 아무리 생각해도 아니었다. 나는 그때 자동차도 없었고, 홍제동 시장통에 있는 성당 유치원 교육비도 버거웠다. 게다가 무엇보다도 아이를 유치원에 보내고 나서 해야 할 일이 산더미 같았다. 주변을 둘러보니 이런저런 영재교육을 받는 아이들도 더러 있었다. 그러나 아무리 생각해도 견적이 안 나왔다.

그 이후 나는 원칙을 하나 세웠다. 순전히 내 편의에 의한 원칙이었는데 아이가 싫다고 힘들다고 고집을 부리면 이렇게 말하곤 했다. "너네 반 애들 90%가 하는 일이면 너도 해야 해." 써놓고 보니 무식한 원칙이다. 대개의 경우, 그 90%와 다른 아이에게 그런 말을 하다니! 지금은 자기보다 서른 살이나 많은 나한테 "내 맘대로 할 거야!" 혹은 "엄마 때문이야!" 하고 시도 때도 없이 어거지를 쓰지만 그 무렵의 아이는 그러지 못했다. 아이 눈높이에 맞춰서 '조리 있게' 설명하는 내게 반박할 만한 논리력을 갖추지 못했던 아이는 쉽게 타협하는 모습을 보여줬지만 겉으로만 그랬던 모양이다. 나중에 알고 보니 나는 아이한테 참 많이도 속았다. 언제나 원칙만 잘 따지던 나는 일상의 이런저런 것들에 대해서 모르는 것이 많았다. 많아도 너무 많았다. 그런 엄마를 속이는 일은 아이에게 얼마나 쉬운 일이었을까! 결국 엄마의 어수룩함이 아이의 거짓말을 키우는 격이 된 것 같다.

02

몰래 토끼

내가 아이에게 속았던 에피소드는 참 많은데, 그중에서 압권은 토끼 사건이다. 이 이야기를 해줄 때마다 친구들은 어떻게 그렇게 모를 수가 있냐고 어이없어했다. 그러게 어떻게 그럴 수 있었을까, 내가 생각해도 한심하지만 아무래도 애가 나보다 한 수 위여서 그런 거 아닐까 싶다.

애들은 어렸을 때 애완동물을 원한다. 우리가 어렸을 때도 학교 앞에 병아리 장수가 있었고, 그때만 해도 강아지를 키우는 집이 많았다. 내가 애를 키울 때는 이리저리 트렌드가 바뀌면서 애완동물이 유행했다. 원래 동물을 키우는 것을 겁내는 편인 나는 알레르기 천식 때문에 안 된다고 못을 박았지만 우리 딸은 계속해서 애완동물을 사달라고 졸랐다. 그러나 나는 절대로 사주지 않았다. 그런데 어느 날 아이가 양 손에 노란 병아리를 들고 들어왔다. 나는 깜짝 놀라서 화를 내었지만 아이는 당당했다. 딸의 논리는 이랬다. 엄마가 안 사준다고 하지 않았느냐, 이거 산 거 아니고, 놀이터에서 만난 어떤 오빠가 준 거다. 당황한 건 내 사정이고 아이는 신이 났다. 수퍼에 가서 박스를 얻어와서 병아리 집을 만들어주고 곁에 붙어앉아서 재잘거리고 놀았다. 그러나 병아리는 계속 울었다. 아이는 병아리가 심심해서 그런 거라면서 박스 안쪽에 그림을 그려주는 것이었다. 흥분해서 그렇게 병아리를 돌보던 아이는 피곤한지 일찍 잠들었고 병아리는 계속해서 울면서 내 신경을 긁었다. 아이가 잠들면 번역 일에 집중해야 하는 나는 병아리 때문에 아무것도 할 수가 없었다. 저녁에 들어온 남편은 내 설명을 듣고는 화를 냈다. 당장 병아리를 갖다버리라는 것이었다. 그러나 나는 차마 그렇게는 할 수가 없었다.

쉬지 않고 삐약대는 병아리 소리에 돌아버릴 지경이 된 나는 아파트 경비실에 가서 의논을 했다. 마음씨 좋은 아저씨가 자기가 지하실에 내려다놓고 키우겠다고 했다. 한 짐 덜어낸 기분으로 나는 병아리 박스를 경비실 아저씨에게 가져다주고 물그릇이랑 모이가 될 만한 것도 좀 챙겨드렸던 것 같다. 병아리가 없어진 것을 안 딸아이는 분노를 터뜨리면서 울었다. 변명에 궁색한 나는 차마 병아리를 누구에게 줬다고 하지 못하고, 병아리가 엄마 보고 싶어서 하루 종일 우는 거라고, 그러다가 엄마 찾아간 것 같다고 말했다. 아이는 믿는 거 같았다. 어디로 나갔는지 궁금해하면서 이것저것 물었다. 그러더니, 자기는 속상하지만 병아리가 '엄마'를 찾아가는 건 좋은 일이라고 생각했는지 며칠 만에 입을 다물었다. 그런데 그게 아니었던 모양이다. 이 아이가 그때 배운 것은 애완동물을 키우려면 엄마한테 말하면 안 된다는 거였을까?

5학년 때 토끼를 집에서 키운 사건이 있었다. 써놓고 보니 말이 안 된다, 토끼를 제 방에서 키우는데 모르는 엄마가 있다니! 그런데 그런 엄마가 바로 나였다. 애들

학교 앞에서 파는 손바닥 안에 쏙 들어오는 토끼였다. 우리 딸은 과감하게 그 토끼를 사가지고 집에 왔던 모양이다. 그날 이후로 매일매일 거짓말이었다. 미술숙제로 무얼 만들어야 한다면서 친구랑 둘이 방 안에 틀어박혀 토끼집을 만들어서 그 속에 숨겨놓고 키우지를 않나, 채소를 잘 안 먹는다고 야단맞던 아이가 갑자기 상추가 먹고 싶다면서 시장에 따라와서는 상추를 사자고 조르지를 않나, 부엌에서 설거지를 하고 있으면 냉장고 문을 열고는 이상하게 채소가 먹고 싶다면서 푸성귀 이파리를 들고 나가지를 않나…… 좀 이상하긴 했지만 원래 엉뚱한 데가 많은 아이고, 숙제를 열심히 하는 것도 채소를 잘 먹는 것도 다 좋은 일이니 나는 별로 주의를 기울이지 않았다.

문제는 청소였다. 워낙 정리를 안 하고 방이 엉망인 이 아이가 그 '숙제'라는 커다란 상자를 들여놓고부터는 방에서 이상하게 냄새가 나고 가끔은 물이 흘러 있기도 하고, 환약 같은 까만 알갱이가 방바닥에 떨어져 있기도 한 것이었다. 애를 불러다 야단을 쳐도 이게 뭐지? 하는 표정으로 시치미를 뚝 뗐다. 방청소는 자기가 한다고 손도 못대게 하는 아이를 하루는 네가 이기나 내가 이기나 해보자면서 마구 쳐들어가서 정리를 해대는데 손수건 바구니에서 토끼가 얼굴을 쑥 내미는 바람에 기절을 할 뻔했다. 놀란 가슴을 진정하고 나니, 웃음이 터져나왔다. 사실을 알고 보니 그 토끼 사건은 나만 모르고 동네 애들도 어른들도 다 알고 있었다. 옆 동에 사는 딸 친구 엄마는 생글생글 웃으면서 이렇게 말했다. "의진이는 꼭 동화 속에 나오는 아이 같아요!"

친구들을 몰고 다니는 이 아이의 어디가 그렇게 매력적인지 궁금해서 아이들에게 물어본 적이 있었다. 그 아이는 잠시 생각하다 이렇게 대답했다. "의진이랑 있으면 재미있는 일이 많이 일어나요!" 그 재미있는 일 중의 대부분은 내가 속거나, 거짓말거리가 되는 일이지 않았을까 싶다.

03

엄마 아빠 간식 만들어드려야 해

그렇게 내가 속는 바람에 집안이 발칵 뒤집혔던 적도 있고, 지나고 나서 웃었던 적도 많지만 그중에 참으로 기가 막혔던 5학년 때 일이다. 학교에 가면 패거리로 몰려다니면서 노는 아이들 엄마 중에 한 사람이 내게 해준, 우리 딸의 거짓말 중에 내 기억에 또렷하게 남아있는 사건이 있다. 이 아이는 학교 친구들한테 집에 가면 엄마 아빠가 공부만 하고 별로 애들을 안 돌봐서 자기가 동생을 키워야 하는 건 물론이고 밤 10시가 넘으면 엄마 아빠 간식까지 만들어드려야 한다고, 말도 안 되는 얘기를 했다. 얼마나 실감나게 얘기를 했는지 모르겠지만 애들은 물론이고 친구 엄마까지 속아 넘어갔는지 재미있다는 듯이 이렇게 얘기를 해주는 게 아닌가. "그래서 애들이 의진이 불쌍하다고 학교에만 오면 엄청 잘해준대요." 아이의 엉뚱함에 어느 정도 적응이 되어있었던지라, 라면 하나 제 손으로 못 끓이는 주제에 어쩌고 하고 맞장구를 치면서 웃고 넘어갔다. 집에 와서 얘기하고, 친구들한테 얘기하고 그러면서 애가 도대체 왜 이럴까! 이러면서도 나도 재밋거리 이상으로 생각해보지 않았다.

그런데…… 옛날 일을 되짚어서 생각해보곤 하는 이즈음, 퍼뜩 다른 생각이 든다. 아이는 왜 하필 그런 거짓말을 했을까. 아이들은 현실과 공상을 구별하지 못해서 엉뚱한 거짓말을 한다지만 그럴 나이는 아니었다. 그렇다면 어려운 현실에 처한 아이가 자신의 처지를 벗어나고자 꾸는 꿈이 거짓말이 되기도 한다. 신데렐라 이야기도 그렇고 성냥팔이 소녀 얘기도 그렇지 않은가. 그런데 이 아이의 이야기는 그 반대에 가깝다.

'내가 보기에는' 너무나 말이 안 되어서 저절로 웃음이 터지는 코미디였지만 어쩌면 그때 이 아이에게는 가정에서의 삶이 그렇게 고단하게 느껴졌던 걸까? 나는 워낙 아이 사랑이 넘치는 편이고 아빠도 애들이랑 잘 놀아주는 편이라서 아이가 외로움에 부대낀다는 생각은 해본 적이 없다. 그런데 그 이후 대학생이 되어서까지 이런저런 문제들로 부딪히면서 "도대체 왜 그러니?"라는 나의 물음에 돌아온 딸의 대답은 엉뚱했다. "몰라, 애정결핍인가 봐". 애정결핍? 말은 못했지만 참내, 애정결핍 아닌 사람이 어딨겠냐, 나는 속으로 그렇게 생각했다. 나도 인생의 어느 시기에 이르러 애정결핍이었다는 것을 깨달았었지만 그것을 극복했고 내가 살아온 것에 비하면 우리 딸의 애정결핍 어쩌고는 엄살처럼 보였기 때문이다. 그런데 인생관이 바뀌고 있는 이즈음, 정말 그랬을 거라는 생각이 든다. 그리고 이제야 딸한테 미안한 생각이 든다. 아직 너무 늦은 건 아니라는 판단으로 놓치고 지나온 것들을 따라잡으려고 애쓰고 있다. 아이가 알아주는 것 같기는 한데 그래서 좋은 건지 아닌지는 알 수가 없다. 아이들은 자존감이 강하고 밝은 유년을 보내게 해주고, 스무 살이 넘으면 독립을 시켜야 한다는데 나는 그 반대로 하고 있는 격이다. 딸이라서 다행이다. 딸과 엄마는 결국 비슷한 인생을 살게 되는 만큼 다시 만나지는 지점이 있다는 어떤 작가의 말이 위로가 된다.

04

세상에서 가장 맛있는 샌드위치

일하는 여성들 모두가 그렇듯이 나도 애들이 어렸을 때 참 힘들었다. 어려서부터 나는, 이담에 커서 훌륭한 사회인, 훌륭한 아내, 훌륭한 엄마가 되어야 한다는 소리를 귀에 못이 박히게 듣고 살았지만 천만에, 나는 내 일도 육아도 가사도 아무것도 똑 부러지게 하는 게 없었다. 그러고도 늘상 힘이 들어서 헉헉대기만 했다. 그러면서 도대체 그런 주문이 얼마나 말이 안 되는 소리인지 절실하게 깨달았다. 겨우 '시작' 중인 내 일들은 늘 진도가 나가지 않았고 아이들은 엄마 없는 애들처럼 꾀죄죄하고 밥도 제대로 얻어먹지 못했으며, 남편 옷 한번 제대로 다려주지 못하면서도 난 늘 피곤에 절어서 살았다.

그날도 그런 날이었다. 늦은 밤 집에 들어오면서 배가 고팠던 그날. 현관에 들어서는데 아이들 소리가 들리지 않았다. 엄마를 기다리다 잠이 들었으리라. 애들한테 미안한 마음이 저절로 일어나는데, 거실 한가운데 놓인 종이쪽지가 눈에 들어왔다. 주워보니, 피아노 위에 가보라고 써있었다. 피아노 위에 가보니 또 똑같은 쪽지가 있었다. 이번엔, 화장대. 그 다음엔 소파, 그리고 서재, 세탁기…… 이렇게 이

어지던 쪽지들 때문에 재미나기도 하고 신기하기도 해서 나는 옷도 못 갈아입고 넓지도 않은 집 안을 뱅뱅 돌았다. 마지막 쪽지에는 '식탁 위를 보세요'라고 써있었다. 내 눈길이 가장 많이 가는 곳이 식탁인데……? 얼핏 눈길을 준 식탁 위는 나의 부재를 증명이라도 하듯 적당히 너저분했다. 자세히 보니 엉성하게 종이로 덮어놓은 접시가 눈에 띄었다. 마지막 쪽지. "엄마, 피곤하시죠? 제가 만든 샌드위치예요. 맛있게 드세요. 의진 올림" 그제야 접시 위의 것이 샌드위치라는 걸 알았다. 말라가는 식빵 위에 올라가 있는 햄이랑 상추랑 치즈. 얼핏 보면 먹다 남긴 음식 같았다. 이런 걸 감동이라고 하는 걸까, 먹먹해지는 기분이었다. 아닌 게 아니라 피곤하고 배가 고팠다.

샌드위치를 앞에 두고 앉으니 슬며시 웃음이 났다. 이 아이가 하는 짓이라는 게 언젠가 읽어줬던 그림책 내용과 거의 같았기 때문이다. 『오늘은 무슨 날?』이란 일본 그림책이었다. 엄마 아빠의 결혼기념일을 맞아서 아이가 여러 개의 쪽지로 엄마를 하루 종일 바쁘게 만들고 결국에는 엄마, 아빠에게 축하와 선물을 전한다는 내용이었다. 이런 걸 독서효과라고 하는 걸까? 신기하고, 고맙고, 사랑스럽고, 편안한 마음으로 나는 먹기 시작했다. 세상에서 가장 맛있는 샌드위치였다.

05

아빠 감사합니다

스물세 살짜리 우리 딸, 아주 어려서부터 지금까지 초지일관 글쓰기를 싫어한다. 그런 아이가 초등학교 1학년 때 글짓기 대회에 나가서 은상을 받은 사건이 일어났었다. 지금과는 영판 다르게 호기심과 모험심이 충만하던 어린 시절, 무엇이든지 해보려고 하던 때였다. 아빠 따라서 다니던 목동의 청소년회관 농구장. 아빠는 농구, 딸은 농구장 매점 아이스크림, 나는 혼자 조용하게 번역 작업에 몰두하는 재미로 이 아이는 수년간 목동 체육관에 들락거려야 했다. 아이 둘 키우면서 여태껏 글짓기 대회는 그때가 처음이자 마지막이었는데 결과적으로 상은 받아왔지만 그날의 수상은 완전히 해프닝이었다. 참가 자격도 안 되는 줄 모르고 나들이 삼아 애를 데리고 가서 보낸 하루의 기억이 어쩜 이렇게 생생한지 모르겠다.

글제가 평범하고 우리 딸은 글은커녕 글씨도 쓰기 힘들어하는 수준이라서 잘못 왔다는 걸 알고 개회식이 끝나자 다른 아이들이 열심히 글을 쓰는 동안 애를 놀이터로 데리고 나가서 놀렸다. 나는 늘 노동에 찌들어있던 몸이라 잠시 밖에서 햇빛을 쬐면 어지럽고 온몸이 아프던 때였다. 같이 놀아주지도 못하고 그늘에 앉아 텅

빈 놀이터에서 우리 아이 혼자 각종 놀이기구를 한 바퀴 도는 걸 보고 있다가 애한테 미안해서 짜장면을 먹으러 갔다. 아이도 나도 기분이 좋지 않았다. 숙제를 안 하고 노는 기분이랄까…… 좀 놀리고 난 다음에 대회장으로 데리고 들어가보니 모두들 글을 쓰느라고 야단이었다. 나는 애를 달래기 시작했다.

"너도 뭐 좀 써볼래?"

아이는 도리질을 했다. 난감했지만 나는 내친 김에 글제를 골라주었다.

"'아버지' 이걸로 할까?"

아이는 시무룩한 얼굴을 했다. 나는 작전을 바꿔서 아이 기분을 맞춰주기로 했다.

"우리 아빠 흉보는 거 써볼까?"

한순간이었다. 거짓말처럼 아이 얼굴이 싹 변했다. 얼굴에 장난기가 서리면서 신이 나는 모양이었다. 금세라도 뭐가 터져나올 것 같아서 얼른 나는 연필을 들었고 아이는 순식간에 '동시'를 읊었다.

아버지

아빠는 장난을 쳐야지만 일어난다
내가 아빠 등에 올라가서 배로 누르면

갑자기 떼를 쓴다. 이잉 더 잘 거야!

그러면서 엉덩이를 하늘로 올린다.
갑자기 아빠 엉덩이는
백두산으로 되기도 하고
미끄럼틀도 된다.

그러면서 의진이 잡으러 가자
휘진이 잡으러 가자 하다가
모르고 일어난다.

받아적기도 바쁘게 아이는 의기양양하게 읊어댔다. 적나라한 사생활이었지만 신기하게도 이 아이는 깔끔한 문장으로, 망설임 없이 순식간에 그럴듯한 글을 한 편 만들어냈다. 이 무렵 아이는 자주 그랬다. 동시며 동화며 잘도 지어냈다. 그런 재능은 내가 신기해하는 사이에 사라져버렸는데 기록을 남겨두지 못한 게 후회된다. 어쨌든 아이가 불러주는 대로 토씨 하나 안 고치고 고대로 받아적었지만 유창한 어른 글씨로 쓴 원고를 제출할 수는 없었다. 제 손으로 쓰라고 하니 다시 난감한 얼굴로 돌아가는 아이를 달래서 원고지 사용법이고 뭐고 한 칸에 한 글자씩 베껴 쓰게 했다. 짜증이 역력한 얼굴이었지만 아이는 결국 원고를 '완성'했고 마감 시간에 겨우 맞춰서 제출을 했다.

시상식이 시작되자 아이는 몹시 초조해했다. 나는 수상 같은 걸 전혀 기대하지 않았기 때문에 딸의 반응을 흥미롭게 지켜보고 있었다. 바짝 긴장해서 얼굴에 홍조를 띤 채 아이는 말이 많았다. 극장 무대 위에 차려진 단상이며 심사위원, 상품들을 객석에 앉아서 바라보면서 뭔가에 압도된 모양이었다. 그런 아이 입에서 나오는 말이 참으로 엉뚱맞았다. "난 상 타고 싶지 않아. 저기 올라가야 하잖아. 난 못해!" 하긴, 가족들 앞에 나가서 노래 부르는 것도 못하는 아이였다. 저 위에 못 올라간다는 건 이해를 하고도 남을 만한 일이었다.

그러나 막상 시상식이 시작되고 나니 애가 말을 바꿨다. 장려상으로 수십 개 쌓인 상품을 보면서 "저거 하나만 받고 싶다"며 애를 태우는 것이었다. 하지만 50명이나 되는 장려상 수상자 이름에 제 이름이 없자 아이는 그 조그만 입으로 한숨을 포옥 내쉬며 포기하는 눈치였다. 그런데 갑자기 '은상'에 우리 이름이 불리는 것이 아닌가! 나는 너무 놀라서 옆자리의 아이를 돌아보며 "어머, 의진아!" 했는데 자리가 비어있다. 아이는 벌써 걸어나가고 있었다. 무서워서 저기 못 올라간다더니! 웃음이 터져나왔다. 웃는 것은 나뿐이 아니었다. 무대 위에서 내려다보고 있던 심사위원 한 분이 나랑 같이 웃어줬다. 사회자가 올라오라고 하기도 전에 벌겋게 달아오른 얼굴로 단상 밑에 가서 기다리고 있는 아이 모습이 뭐라고 표현하기 어렵게 귀여웠던 것이다.

수상자들은 대체로 좀 큰 아이들이었다. 이렇게 작은 아이가 상을 받자니 상품을 들 수가 없어서 나까지 단상에 불려 올라갔다. 집에서 입던 허름한 옷차림에 혹시라도 나를 알아보는 사람이 있을까 봐 조마조마해하면서도 나는 기꺼이 아이의 상품을 들어주러 무대 위로 올라갔다. 노력해서 성공한 것과는 거리가 먼 이날의 수상은 이상하게도 나를 기쁘게 했다. 순간적으로 깜짝 놀랄 때의 순도 100%의 기쁨. 이 아이는 내게 그런 경험을 몇 차례 안겨주었는데 그 첫 번째가 바로 이날이었다. 시상식에서 낭독된 다른 수상자들의 작품과는 확연하게 다르고, 정말 아이다운 우리 딸의 글은 두고두고 칭찬을 많이 받았었는데, 그날 기억의 백미는 상도 상이지만 돌아오는 길의 아이 반응이었다. 어리벙벙 뭐에 취한 것 같은 이 아이. 집에 가자니까 갑자기 아빠한테 전화를 하자는 것이었다. 핸드폰도 없던 시절, 공중전화 부스에 사람도 많은데 안하던 짓을 한다 싶은 순간, 아이의 말이 걸작이었다. "아빠 때문에 상 탔잖아." 하하, 정말 아이다운 발상이었다. 내 생각에는 아빠 때문이 아니라 엄마 덕분이었는데 말이다. 전화기를 건네받은 딸은 안 어울리는 깍듯한 존댓말로 "아빠, 감사합니다!"라고 전화기에다 대고 거의 절을 하는 목소리를 냈다. 문제의 아빠는 당연히 영문을 모르고, 왜 그러느냐고 묻는 중이었다.

생생하던 그날의 기억을 아이는 잊은 걸까? 아니 나와는 다르게 기억하는 걸까? 이 글을 쓰다보니 나는 내 감정만 생각했지 그날 아이의 반응에 대해서 깊이 생각해보지 못했던 것 같다. 늘 엉뚱한 아이라서 그냥 신기해하기만 했는데 다 큰 지금의 모습이 그 시절의 태도에도 그대로 들어있었던 것 같다. 잘하고 싶고, 인정받고 싶은 욕구, 안될 것만 같은 두려움, 과도한 자존심이 만들어내는 방어기제…… 아이가 워낙 어렸기 때문에 그런 것들이 늘 엉뚱하게 나타났는데 나는 아이의 마음을 제대로 읽어내지 못하고 그저 재미있어하기만 하는 아둔한 엄마였나 보다. 아이를 처음 키워보니, 낸들 어떻게 알았겠는가!

06

가만히 들여다보면

아이가 말을 배우고 자신의 느낌을 표현하는 걸 지켜본 적이 있는 사람들은 다 한 번씩 경험했을 것이다. 만화에서처럼 머릿속에 전구가 탁 켜지는 것 같은 느낌을, 혹은 갑자기 해가 쨍 날 때처럼 하하 웃음이 터져나오는 것을. 자기 안의 세계와 밖의 세계를 잘 구별하지 못하는 아이들은 나름대로 참 행복하다. 우리 아이도 그랬다. 젤리를 먹다가 개미에게 줘야겠다면서 들고 나가지를 않나, 겨우내 실내에서 갇혀 쿵쿵거리며 뛰는 걸 "아랫집 할머니 이놈 한다!"고 혼내자 바깥에 나가서 뛰면 겨울잠 자는 뱀이랑 곰이랑 개구리가 깬다고 대답하질 않나……

그러던 아이가 겨우 깨친 한글 솜씨로 자꾸만 시를 쓰기 시작했다. 시라는 걸 쓴다는 게 신기하기도 하고 무슨 생각으로 그러는지도 궁금했지만 무엇을 어떻게 물어봐야 좋을지 몰랐다. 고슴도치도 제 새끼가 예쁘다고 했던가. 나는 내 딸이 쓴 시가 잘 쓴 것만 같아 보였다.

공

공은 우리가 가고(갖고)
놀 때 통통 튀고
우리가 없을 때는
가마니(가만히) 있는다.

울타리

울타리 너머
꽃이 피어 있다.
예쁜 향기가
들어 있다.

바윗돌

바윗돌에 앉으면

개구쟁이였던
동생이 생각난다

글을 쓴다는 행위가 현실 부적응과 관계가 없지 않다는 걸 익히 알고 있는 나는 아이에게 물었다. 학교 재미있니? 재미없어. 왜? 노는 시간도 없고, 뭐! 그럴 리가 있나, 그럼 화장실은 언제 가? 화장실 가는 시간만 있고 노는 시간은 없단 말이야. 아차, 싶었다. 유치원과 학교의 차이를 미처 설명하지 못한 채 초등학교에 입학을 시킨 나의 불찰이었다. 그날, 아이는 또 시를 썼다.

우리들은 1 학년

날마다 날마다
재미없는 학교
학교 앞에 서서 보면
힘이 빠진다.

정말 그랬다. 까르륵 웃기 잘하고 생기에 넘치던 아이는 까칠한 모습으로 1학년을 어렵사리 넘겼다. 그러면서 차츰 학교라는 곳에 다행인지 불행인지 적응을 해나갔다.

2학년이 되고 학교라는 것에 무덤덤해질 무렵, 나는 아이가 일기나 글짓기 숙제로는 웬만하면, 어느새 지겨워하고 있는 '동시'로 쓰려고 한다는 걸 알게 되었다. 이유는 단 한 가지. 짧게 써도 되기 때문이었다. 그렇게 아이가 쓴 동시들은 교과서 동시들을 닮아 있었다. 아이가 공책에 '나비가 팔랑팔랑, 바람이 살랑살랑' 하는 식의 판에 박힌 동시들을 써놓은 것을 보다가 나도 모르게 버럭 화를 내고 말았다. '배운 대로' 했을 뿐인데 엉겁결에 야단을 맞은 아이는 영문을 몰라 하면서도 괜히 기가 죽었다.

하긴, 아이를 야단칠 일이 아니었다. 아이가 제도교육 속에서 규격화되면서 자연히 시 같은 시를 쓸 수 없어질 거라는 안타까움에 나는 자주 속상해졌다. 그렇다고 섣불리 아이에게 글쓰기를 가르칠 수도 없는 일이었다. 그래서 쓰기 대신 읽기를 권하기로 했다. 도서관과 책방을 드나들면서 동시 코너를 뒤졌지만 동화를 고를 때보다 훨씬 힘이 들었다. 일단 양적으로 비교가 안되었다. 재미있는 책에 목마른 아이들이 동화를 찾기는 해도 동시를 찾는 일은 아주 드물다. 역설적이게도, 동시는 그나마 국어 교과서 때문에 명맥을 유지하는지도 모른다는 생각이 들었다. 누가 동시를 읽는가, 누가 동시를 쓰는가.

07

반성문의 한 종류

짐을 정리하다가 딸이 어렸을 때 쓴 글을 찾았다. 밑도 끝도 없이 '엄마…… 싫다……'로 시작되는 글. 다시 봐도 웃긴다. 내가 아이들에게 반성문을 쓰게 하다니. 아마 너무 화가 나서 그랬을 것이다. 화가 무진장 났을 때 아무 말이나 하지 않기는 쉽지 않다. 뭔지 모르겠지만 애가 거짓말을 하고 있다고 믿고 폭발했을 때였나 보다. 그러고 보니 나도 참 한심하게 많이 속는 엄마였지만 우리 딸도 참 가지가지 거짓말도 많이 하는 애였다. 게다가, '반성'문을 쓰라는데 이런 글을 쓰다니!

나는 엄마가 아는 척할 때가 제일 싫다. 맘대로 부풀려 말할 때도 싫고, 하고 싶은 말 있으면 하라면서 말만 꺼내면 화부터 내는 것도 싫고, 화풀이하는 것도 싫다. 나는 거짓말을 습관적으로 하지도 않고, 나는 거짓말을 그렇게 많이 하지도 않았는데 나는 안 한 거짓말을 엄마는 그렇게 많이 알고 있다니까 황당할 따름이다. 특히 혼날 때 나는 충분히 반성하고 있는데 엄마가 말 지어내면 잘못했다는 기분이 싹 사라진다. 사람 속은 아무도 모른다는데 엄마는 나도 모르는 내 속을 어떻게 그렇게 잘 알까? 맨날 혼날 때 내 얼굴에 반성 안 하는 게 쓰여있다고 하시는데, 나는 반성하는 중이어서 황당한 적이 많다. 얼굴 표정이야 어떻든, 나는 정말 잘못했다고 생각하는 중이었다. 거기다가 딴에는 나도 반성하는 표정을 짓는다고 한 건데, 그럼 도대체 어떤 표정을 지으라는 건지. 엄마 때문에 그렇게 황당할 때가 많아도, 혼날 때는 그래도 내가 잘못했기 때문에 미안한 마음이 든다. 황당한 마음이 더 많이 들 때도 있지만 항상 똑같이 잘못해도 모두 내 탓이다. 물론 내가 이제까지 더 많이 잘못했고, 엄마는 날 못 믿으니까 그렇겠지만, 그럼 엄마가 언젠가는 얼마나 실망할지 걱정이다. 나는 엄마가 내 마음을 말해보라고 할 때가 가장 싫다. 나도 내가 무슨 생각을 하는지 모르겠다. 15년 동안 노력했지만, 내가 무슨 생각을 하고 있는지는 안 때가 없었던 것 같다. 항상 머릿속에는 여러 가지 생각이 너무 많은데, 그중 한 가지만 생각하려고 하면 내가 무슨 생각을 하고 있었는지 금방 까먹는다. 그리고 나는 항상 언제나 머리가 아픈데, 내가 머리가 아프다고 하면, 그때는 좀 많이 아프다는 것을 좀 알아줬으면 좋겠다. 나는 내가 잘못하면 그것을 어떻게 표현해야 될지 모르겠다. 아무도 나한테 가르쳐준 적이 없는데 옛날에 읽은 한 책에서 그랬다. 마음속으로 반성하면 된 거라고. 꼭 소리내서 말할 필요는 없다고 그랬다. 그래서 나는 마음속으로 최대한 반성하는 중이다. 엄마, 다시는 의도적으로 거짓말 안 할게요. 그런데 글을 썼더니 마음이 정리되기는커녕 머리만 훨씬 복잡해졌네요. 글을 쓰면 머리가 더 복잡해지는 사람도 있나 봐요.

이 글을 읽다 보니 애 마음이 너무나 이해가 되는 중이었는데 마지막에서 웃음이 터져서 야단이고 교육이고 어떻게 마무리했는지 기억에 없다. 피차 감정을 추스리자는 뜻에서 글로 마음을 정리해보라는 거였다. 그런데 내가 문제를 잘못 냈고 이 녀석은 그 문제에 답을 제대로 쓴 건가 보다. 반성문을 쓰라고 하는 것과 글로 마음을 정리해보라는 건 영판 다른 문제니까!

열다섯 살이라면 중학교 2학년 때였을까? 이제 스물다섯 살이 다 되어가지만 고스란히 지금의 모습과 똑같아 보인다. 어렸을 때라서 이렇게 단순명료하게 표현할 수 있었나 보다. 역시 애들 눈에는 모든 게 좀더 선명하게 보이는 모양이다. 어른이 되면 될수록 모든 것의 윤곽이 점점 흐릿해지는 거 같은데 이 아이는 지금 아이에서 어른으로 가는 길목의 어디쯤에 있는 걸까? 아침 저녁으로 표정을 살펴봐도 알 수가 없다.

08

금연교육

딸아이가 중학교 3학년에 막 올라갔을 때 일이다. 안경을 바꿔달라고 했다. 모범생으로 변신하겠다면서 '고시생'처럼 보이는 안경을 해달라고 했다. 나도 애한테 적응이 되었던 터라서 별로 놀라지는 않았지만 궁금해서 이유를 물었더니 남자 1짱, 여자 1짱이 다 자기네 반이 되었단다. 걔네들한테 찍힐까 걱정돼서 공부만 하는 얌전한 아이가 되기로 했다나. 평소에 남자든 여자든 가리지 않고 잘 놀아서 친구도 많고 활발한 아이였다. 그제야 조금 걱정이 되었다. 설상가상으로 남자 1짱이 짝이 되었다고 하는 게 아닌가.

1달쯤 지났을까, 별일 없냐고 물으니, 웃는다. 문제가 있을 수가 없단다. 자기 짝은 학교에서는 하루 종일 잠만 자는데 애들도 선생님들도 깨우지도 않고 야단도 안 친다고 했다. 게다가 좋은 점도 있단다. 남자애들이 짓궂게 굴면 드물게 깨어있는 시간엔 "야! 내 짝한테 왜 그래!" 하고 소리도 질러주기 때문에 애들이 꼼짝도 못한다고…… 그렇게 한 달을 같이 지내보니 하나도 안 무섭고 알고 보니 애가 착한 거 같다고 했다. 그런데 딱 한 가지 담배 냄새만은 참아주기가 어렵더란다. 그래서 좀 친해졌다고 한마디 했단다. "야, 너 담배 좀 끊어라! 냄새 정말 지독하다." 그랬더니 돌아오는 대답이라는 게, 자기도 끊고 싶은데 너무 늦었다고, 이제는 끊을래야 끊을 수가 없다면서 "야, 그러니까, 넌 절대 담배 피지 마라!" 이러더란다.

듣다가 보니 웃겼다. 짝을 잘 만나서 하기 어려운 금연교육까지 저절로 되고 있었다! 내가 애 교육 잘 못 챙긴다고 세상이 다 도와주는 모양이었다.

이 무렵이었다. 내가 '바람의아이들'을 시작한 게. 지금, 여기에서 살고 있는 아이들의 이야기를 담은 소설을 펴내겠다고 『어느 날 내가 죽었습니다』를 만들던 무렵이었다. 나는 아이들의 생활과 말투와 놀이와 학교 현실 등등의 세세한 것들에 모두 관심이 많았고 딸은 내게 얘기를 해주느라고 해줬던 것 같다. 시체놀이 얘기도 해주고, 일진 얘기도, 뒷담화 얘기도, 가출하고 옥탑방에서 남자랑 동거한 아이 이야기도 해주고, 미용사나 가수가 꿈인 친구들이 '너는 공부 잘하니까 이다음에 연예인 전문 변호사 돼서 반창회 나오'라고 한다던 얘기, 등등 등등. 무서워서 학교 못 간다고 울던 일이랑, 인터넷 카페를 만들어서 뒷담화 사건으로 내가 담임선생님께 불려가야 했던 사건, 여자애들보다 남자애들이랑 친해서 큰일이라던 담임선생님의 지적(사실, 남녀공학에다가 짝이 남학생인 학급에서 남자애들이랑 잘 노는 게 왜 문제인지 나는 이해하지 못했다), 성적도 안되면서 외고 입시 준비한다고 학교에서 선생님들의 비웃음을 사고 집에 와서 분노를 터뜨리던 일, 체육시간에 오리걸음으로 운동장을 돌고 며칠씩 종아리가 아파서 잘 못 걷던 일, 아직도 나는 파악이 안 되는 제 친구 엄마와의 어떤 갈등……

딸의 학교생활은 매스컴에서 얘기하는 것과는 달라도 한참 달랐다. 교육문제는 전문가들의 문제일 뿐 내 딸에게 학교는 생명력이 넘치는 삶의 현장이었고, 현미경을 들이대면 날마다 드라마를 쓸 수 있을 것 같아 보였다. '지금은 어른이 된 작가가 청소년 시절, 한때 방황하고 놀았던 이야기'쯤으로 요약되던 당시 청소년소설이 변해야 한다는 나의 확신은 딸의 생활을 들여다보면서 생겼고, 신기하게도『어느 날 내가 죽었습니다』이후 우리나라 청소년소설은 빠르게 달라졌다. 내가 만드는 청소년 책들이 나오는 과정을 고스란히 지켜보던 딸은 그러나 시니컬했다. '번듯번듯한 어른들이 불량한 척하는 얘기'라고 일축하던 딸의 얼굴에 한순간 어렸던 분노를 나는 잊지 못한다.『어느 날 내가 죽었습니다』나『나의 그녀』보다는『프루스트 클럽』이 더 좋고,『프루스트 클럽』보다는『대학이 이런 거야?』가 더 낫다는 의견을 밝히는 딸의 어떤 목마름, 청소년소설을 만들면서 나는 그것을 늘 기억하고 있다. 그러나 역시 만족할 만한 원고는 잘 나오지 않는다. 어른인 작가가 청소년들의 피부를 옷 한 벌처럼 갈아입는 일은 이제 쉬워졌으되 그들의 불안한 영혼을 감지하는 작가는 좀처럼 눈에 띄지 않는다. 이게 내가 처음처럼 외국문학으로 다시 눈을 돌릴 수밖에 없는 이유다. 그러고 보니 엄마가 된 이후, 나는 딸 교육과 청소년 소설 만들기를 혼동하면서 살았다.

09

누굴 대통령으로 찍지?

요즘 애들 장래희망은 참 다양하다. 우리 어렸을 땐 무조건 '훌륭한' 사람 되어야 하는 줄 알았었다. 사실 '훌륭한'이 어떤 건지 알 리 없는 아이들 꿈은 그래서 대통령, 의사, 판검사 등등 몇 가지로 정해져 있었다. 우리 딸이 유치원 다니던 무렵에도 그랬었나 보다. 삼총사를 이루어 같이 다니던 친구 둘 장래희망이 똑같이 대통령이었다니까. 지금 생각해도 웃음이 나오는 이 무렵 우리 딸 고민은 삼총사 친구들 둘이 다 대통령이 된다고 하는데 둘 중에 누구를 찍어야 하냐는 것이었다. 누구에게도 따돌림 당하고 싶지 않은 아이의 절실한 마음이 고스란히 느껴져서 잠깐 같이 걱정해주는 척했지만 속으로는 어떻게 이런 고민을 할 수 있는지 신기하기만 했다.

그렇게 남다르게 '현실적이던' 이 아이의 장래희망은 열 살이 넘어도 그닥 '훌륭' 해 보이지는 않았다. 한창 도서 대여점에 드나들며 내가 사주지 않는 모든 책을 읽어대던 무렵에는 이다음에 커서 도서 대여점을 해야겠다고 했었다. 그렇지만 그게, 제 눈에도 그닥 바빠 보이는 직업은 아니었던 모양이다. 당시 꿈은 연예인이 되는 것이었기 때문에 연예인 활동을 접고 나면 도서 대여점을 하면서 책이나 읽고 남는 시간에 글을 써서 소설가가 되겠다고 했다. 한 가지 직업만 하는 건 너무 지루하고 재미없다나. 그게 애들 유행이었는지 어떤지는 모르겠지만 곧이 곧대로 알아들으면서 나는 탄복을 했다. 정말 말이 되는 얘기였다. 연예인 생활은 대개 수명이 짧고 경험은 풍부해진다. 그리고 소설가는 생계가 걱정되고 도서 대여점은 시간이 많은 직업이다. 완벽하게 말이 되는 이 직업 시리즈에 나는 격려를 아끼지 않았다. 다만, 연예인 되는 건 전교 1등보다 훨씬 어려울 텐데…… 하고 걱정해줬을 뿐이다. 공부를 싫어하던 아이는 엄마의 걱정을 고스란히 이해했고, 금세 포기하는 거 같았다. 그러고 불과 십여 년이 지난 오늘날, 도서 대여점은 우리 사회에서 사라진 듯하고 우리 딸은 글쓰기를 세상에서 가장 싫어하는 일 중의 하나로 생각한다. 이제 과거의 이런 '장래희망'을 기억하는 건 본인이 아니라 그 엄마뿐이다.

엉뚱하고 뒤죽박죽인 부류의 아이들은 커도 계속 그런가 보다. 아니면 어렸을 때 제대로 머릿속부터 장난감이며 책상까지 제대로 '정리'하는 걸 가르쳐야 했을까? 스무 살이 훌쩍 넘은 지금은 아무것도 가르칠 수가 없다. 취업 걱정에 불안한 나날을 보내고 있는 이 아이는 여전히 생각과 일의 순서가 뒤죽박죽이다. 아무 데도 원서도 아직 안 내었건만, 면접 시험을 보러 갈 때 입을 옷을 사야 한다고 했다가 원서에 넣을 사진을 찍어야 하는데 머리 모양이 마음에 안 든다고 했다가 누군가에게 자기 얘기를 해야 하는 게 죽어라고 싫은데 면접관에게 무슨 말을 하겠냐고 분노를 터뜨리다가 전혀 상관없는 여러 개의 직종에 모두 관심이 가는데 이제까지 살아온 경험으로 볼 때 그러면 안 되는 거 같다고 풀이 죽다가…… 말을 시켜놓으면 구경거리가 날마다 볼 만하다. 훈수를 둬봤자 좋은 소리를 못 듣기 때문에 요즘은 뭐든지 찬성쪽으로 나간다. 외식산업에 관심이 있는 이 녀석, 동네 샌드위치집에서 아르바이트를 하면서 사장을 관찰 중이다. 자기도 그런 가게를 하나 하고 싶은데 친구들이 너무 우습게 생각하는 것과 꾸준히 알바를 해온 카페들 사장이 모두 손님들에게 너무 '굽실거리는' 것을 보고 스트레스를 받고 있다.

스물다섯이면 웬만한 판단력은 생기는 나이인데 도대체 대책이 안 서는 아이라서 진지한(?) 의논을 할 수가 없는 건 내 사정이고, 얘는 친구들이 모두 자기 걱정을 한다면서 나한테 분풀이를 한다. 자기가 진짜 그렇게 한심해 보이냐고 물어본다. 나는, "그래, 엄마 사무실 근처에 와서 샌드위치 집하면 좋겠다!" 하고 쌍수를 들고 환영을 해놓았지만 저 꿈은 조만간 접지 않을까 싶다. 하고 싶은 것과 해야 하는 것들을 잘 조합해나가는 게 행복하게 살아가는 길을 찾는 방법인데 엄마 말이라는 건 아무리 옳은 얘기도 잔소리일 뿐이니 애가 스스로 하나씩 가위표를 그어 나가는 세월을 꼼짝없이 지켜보면서 기다릴 수밖에 없을 듯하다. 상황을 객관화시켜서 구경꾼의 자리로 물러앉지 않으면 나까지 힘들어질 지경이니 날마다 코미디를 연기해주는데 딸은 고마워하기는커녕 짜증만 늘고 있다. 그래, 어떤 게 더 좋은 엄마 노릇인지는 나도 알지만 그때그때 다른 연기를 할 만큼 내가 유능하지가 않은 걸 어쩌랴!

10

내가 정한 음악교육의 목표

애가 음악에 재능이 있는데 혹시 내가 뒷바라지를 못해주는 건 아닐까, 잠깐 긴장이 되었다. 그래서 아이를 테스트해보기로 했다. 우리 집에 처음으로 피아노가 들어오던 날, 아이는 흥분했고, 날마다 행복해했다. 친구들을 데리고 오면 나는 뒤로 돌려앉혀 놓고 음 알아맞히기 게임을 했다. 다들 우리 딸보다 훨씬 오래 피아노를 배운 아이들이었다. 그러나 신이 나서 내가 치는 건반의 음을 알아맞히는 것은 우리 딸뿐이었다. 설마, 이 아이에게 절대음감이? 한편 뿌듯해서 남편하고도 의논을 해봤지만 역시 우리가 딸을 음악하는 사람으로 키울 수는 없었다. 혼란스런 마음을 가다듬으며 나는 내 자신에게 말했다. 반대를 하자. 이 아이가 꼭 음악을 할 거라면 부모의 반대 정도는 극복할 힘이 있어야 해!

그러고 나서 나는 목표를 딱 정했다. 어른이 되어서도 마음 내킬 때 연주를 할 수 있을 정도의 실력을 갖추자. 아를르의 번역센터에서 같이 일하던 마리아가 피곤할 때면 말없이 그러나 힘차게 바이올린 연주를 하던 것을 무한히 부러워하던 나는 그때 이미 마음을 정했었다. 무언가의 전문가로 살아간다는 것은 무척 피곤한 일이다. 그럴 때 음악 연주만큼 훌륭한 벗은 없을 것이다. 그러려면 준전문가 수준의 실력이 필요하다. 뭐, 이런 정도로. 그러나 바이엘에서 체르니로 이어지는 피아노 레슨을 아이는 버텨내지 못했다. 결국 체르니 30번 초반에서 재즈 피아노로 바꿨다. 어차피 제대로 된 곡을 치지 못할 바에야 쉽게 아무 노래나 반주 정도는 해볼 수 있도록. 그러나 그것도 플루트다 뭐다 하면서 흐지부지되어버렸다. 유치원 때 피아노 안 배우는 아이가 없고, 초등학교 5학년만 되면 그때도 피아노 계속하는 아이가 없다더니 우리 딸이 딱 그랬던 것이다. 나는 음악가 뒷바라지 못하는 부모에 대한 부담에서 벗어날 수 있어서 후련했다.

그런데 그게 끝이 아니었다. 중학교에 들어가더니 합창반 반주를 하고, 고등학교에 들어가서는 밴드부에 드는가 하면 학교 축제에서는 안무를 3년 내리 도맡았다. 고3이 되면서까지 신촌 클럽에서 공연을 한다고 바빴고, 야간자율학습에 모의고사에 스트레스가 쌓일 대로 쌓이는 학교에서 돌아오면 제 방에 틀어박혀 한 시간씩은 피아노를 쳐야 마음을 풀곤 했다. 공부를 하고 하고 또 해도 모자라는 판에 고3이 되기 직전까지는 '지금 안 놀면 언제 노나?'를 입에 달고 살던 이 아이는 쇼팽이던가 슈베르트던가 아니면 베토벤이었나? 도대체 음감이 없는 나는 무슨 곡인지도 모르는데 인터넷으로 악보를 다운받아 출력하고 끈질기게 연습하더니 피아노 곡 하나를 완주해서 나를 놀라게 했다. 돈을 준다고 해도 아빠에게조차 피아노 치는 모습을 보여주지 않고 방문을 꼭꼭 닫아걸고 피아노와 함께 틀어박히던 시절, 가끔씩 '엄마'에게만 특별히 피아노 연주를 들려주던 기억이 난다. 녹음된 게 아니라 직접 연주하는 소리를 듣는 것도 흔한 일은 아닌데다가 체르니 30번도 떼지 못한 실력으로 연주해내는 피아노의 선율은 내게 순간적이지만 완벽한 행복을 선사하곤 했다. 나는 다시 고민에 빠졌다. 이 아이는 음악이나 공연이나 어쨌든 문화예술 방면으로 진로를 정해야하는 거 아닐까? 그러나 또 어긋난 고민이었다. 7살에서 17살이 되는 동안 생각이 바뀌어도 한참 바뀌어버린 딸은 (불)완전한 리얼리스트가 되어버렸는지 오히려 내게 반문을 한다. 음악해서 어떻게 먹고 살겠냐고. 울어야 할지 웃어야 할지 모를 일이다!

11

아들의 학구열

공부, 학교. 써놓고 보니 비호감 1위의 두 낱말이 아닐까 싶다. 어쩌다 이렇게 되었을까!

배우고 익히는 것은 본질적으로 즐거운 일이다. 모르던 것을 알게 되고 차츰차츰 익혀서 내 것으로 만드는 일, 그것이 어떻게 즐겁지 않을 수 있단 말인가. '공부-학교-입시' 삼박자가 아이들에게서 배우는 즐거움을 제대로 앗아가고 있다. 공부를 하는 데 필요한 자질이 있다. 나는 내 아들이 그런 자질을 타고 났는 줄 알았다. 자폐가 아닐까 싶을 정도로 뛰어난 집중력과 어떤 상황에서든 자기 나름대로 뭔가 파악이 되지 않으면 행동하지 않고 골똘히 생각에 잠기는 모습을 보여주던 아이. 유난히 말이 없던 아이가 초등학교에 들어갈 무렵의 일이다. 자기도 학원에 가야 하지 않겠냐고 했다. 제 누나는 벌써 5학년이 되는데도 학원에 안 다니고 있는데 겨우 1학년짜리가 학원에 간다니! 그런데 가만히 보니, 친구들은 다 학원에 다니는데 자기만 안 다니는 게 영 불안한 모양이었다. 그렇다고 당장 무슨 학원을 보낼 수도 없고, 서점에 가서 1학년을 대비하는 문제집을 하나 사다 줘봤다. 물론 글씨도 제대로 깨우치지 못한 상태였다. 그런데……

지금도 또렷한 이미지로 내 기억에 저장되어있는 아들의 모습. 거실 한가운데 뒹굴던 조립식 장난감 테이블에 하루 종일 붙어앉아서 문제집 한 권을 다 끝내는 것이었다. 문제집이 어떤 내용이었는지는 기억에 없다. 나는 그저 아들의 끈기에 놀랐고, 정말 공부가 하고 싶은 모양이라고 생각했다. 이런 류의 기억은 아이가 학교에 다니는 내내 반복되었다. 누나가 중학교에 들어갈 무렵, 동네 수학 학원에 테스트 받으러 갔던 날이었다. 야생마처럼 자란 우리 아이들은 학원에 가서 시험을 치면 완전 구제 불능 취급을 받는다. 시험을 부러워하던 아이에게 재미삼아 테스트를 시켰더니 27점인가 하는 성적이 나왔다. 내심 학원에 보내달라고 조르면 큰맘 먹고 보내야지, 생각하고 있었다. 한심하기 짝이 없는 큰아이의 성적 때문에 나는 학원 원장의 설교를 잔뜩 듣고 등록을 하고 나오면서 아들에게 물었다.

"너도 누나랑 같이 학원 다닐래?"

아이는 시무룩한 얼굴로 도리질을 했다. 뜻밖이었다.

"왜 그래?"

"27점이 뭐야, 27점이, 내 참, 어이가 없어서!"

생긴 건 콩알만 해가지고 말투는 영락없는 노인네 말투라서 웃음을 참을 수가 없었다. 그러나 아들이 정말 상처받은 거 같아서 나는 성의를 다해서 위로하고 학원에 다니자고 설득했다. 그렇게, 아들은 제 누나에 비하면 퍽 이른 나이에 학원버스 타고 왔다 갔다 하는 생활을 시작했다. 중학생이 되어서는 잘하는 아이들이 모인다는 강남 학원에도 기웃거렸는데 어느 날이었던가, 자동차 기름을 넣으러 주유소에 가면서 내게 대차게 따지는 것이다.

"엄마는 도/대/체 무슨 생각으로 누나를 학원에 안 보내고 키웠어?"

내가 뭐라 뭐라 어물어물 대꾸를 하는데 조용한 편인 녀석이 핏대를 올리던 게 생각난다.

"아니, 학원 안 다니는 애는 한 명도 못 봤어. 어떻게 그럴 수가 있냐고!? 도대체 왜 그랬어?"

이때 나는 뭔가 깨달았던 거 같다. 이 녀석에게는 '남들이 하는' 모든 것은 무척 중요하다는 것을. 남들이 모두 하는 것을 시시하게 생각하는 딸과는 정반대였던 것이다. 결국 딸은 수능시험을 치는 날까지 가장 적은 수의 학원을 다닌 아이로 기록이 되었을 것이고 아들은 프랑스에서 보낸 고1-고2 일 년을 제외하면 남들 하는 만큼은 다 입시공부를 하는 아이로 컸다. 신기한 것은 이 녀석은 애들이 입시공부를 왜 싫어하는지 잘 모른다는 것이었다. 배우는 모든 과목이 다 재미있다고 했다. 과학이나 수학은 물론 사회의 모든 과목, 그리고 논술에 이르기까지. 가끔씩 흥분해서 학원 선생님은 정말 잘 가르친다고 감탄을 하기도 하고, '똑똑한' 사람들에 대해서 강한 호기심을 보이기도 했다. 나는 이 아이가 학문을 해야 행복하게 살아가는 거라고 생각했다. 스스로 연구자의 삶을 그려 보이기도 했으니 그러지 않기도 어려웠다.

그러던 녀석이 수능시험이 끝난 직후, 책을 손에서 놓았다. 당연한 일이었다. 그런데 이상한 것은 퍼지고 게으름을 피우지를 않는다는 점이었다. 새벽에 일어나던 습관을 유지하느라 새벽반에 수영을 등록하고 저녁에는 기타학원을 다니고 낮에는 친구들이랑 어울려 다니며 놀았다. 집에 들어오면 기타 연습을 하고, 지도를 사다 나르며 여행 계획을 짰다. 숙소와 예산을 꼼꼼이 따져보기도 하고 친구들과 의논하느라 바빴다. 처음에는 보기가 좋았다. 그런데 한도 없이 그러고 놀았다. 술을 마시면 밤을 새고 들어왔고 밴드를 결성해서 발표를 하고 농활이다, 엠티다, 동창모임이다, 그러면서 여행을 가고 가고 또 가고, 그러기를 수능시험 바로 다음 날부터 대학교 1학년 학기말고사가 끝날 때까지 꾸준히도 반복했다. 뭐든지 하면 느는 법이라 노는 능력도 날로 날로 늘어나는 것이었다. 기타 실력도 늘고, 수영 실력도 늘고, 날마다 운동을 해서 복근도 늘었다. 써놓고 보니 아들이 잘못한 것도 없는 것 같은데 옆에서 지켜보는 나는 뭔가 참을성의 한계에 도달했고 얼굴 보기도 힘든 아들과 티격태격하는 날이 잦아졌다. 아들과 한바탕 설전을 벌이고 난 후 뭔가 달라졌다. 원래 게으른 것을 싫어하는 녀석이지만 더 부지런해졌다. 아르바이트를 하러 다니고 책도 좀 읽고……

내가 원한 건 내면의 성숙이지만 녀석은 그냥 그랬다. 제 인생 제가 알아서 살겠지, 스물이 넘으면 자식은 독립시켜야 한다잖아, 마음을 다스리며 지냈다. 그런데 어제, 신입생 오리엔테이션에 가서 선배 노릇을 하고 돌아온 녀석에게 말을 좀 시켜보았다가 중요한 사실을 깨달았다.

"그렇게 재밌었어? 뭘 하고 놀길래 그렇게 재밌는데?"

"별거 안 해. 난 그냥 게임하고 운동하고 술 마시고 자고 일어나면 또 놀고."

"……"

"그게…… 이상하게 재밌어. 아무 생각이 안 나. 그냥 놀면 되니까……"

잘 들어보니, 이 녀석은 늘 불안한 것이었다. 사실 불안한 것은 당연하다. 불안과 외로움을 다스리는 일이 살아가는 일인데, 게다가 청춘이 아닌가! 그 정도의 스트레스 관리를 하지 못하면 할 수 있는 일이란 아무것도 없다고 생각하는 나는 뭔가 설교를 하려는 남편을 제지하고 일단 충분한 공감을 표시해준 다음에 말했다. 노는 게 좋으면 지겨워질 때까지 실컷 놀아보라고, 학사경고 받아도 좋으니 학점 신경쓰지 말고 듣고 싶은 과목 아무거나 듣고 학교 다니기 싫으면 장기 여행을 떠나도 좋다고. 도덕적으로 나쁜 짓 안하고 몸 안 다치면 되는 거라고. 다만 머리라는 건 늘 가지고 다니니까 놀면서도 할 수 있으니 10년 후, 20년 후 자기 모습을 생각해보라고. 평범하게 '남들처럼'이라는 결론이 나오면 그것도 목표가 될 수 있는 거니까 방법을 생각해보라고. 밤새워 놀고 온 아들은 기운이 다 빠진 모습으로, 어쩐지 회복기 환자 같은 분위기로 고개를 끄덕끄덕했다. 무겁게.

과연 이 녀석은 내 말을 믿는 걸까? "진짜야, 짜식아! 사람이 배포가 있어야 되는 거라고." '남자는'이라고 말하지 않으려고 노력했다. 그래도 녀석은 끄덕끄덕할 뿐이었는데 나는 이상하게 후련했다. 한 챕터를 넘긴 느낌이다.

12

친구 이름

아이들과 대화를 한다는 것은 어려운 일이다. 청소년기에 접어들면 더 어려워지고 청년기에 들어가면 더더 어려워진다. 게다가 시시콜콜한 일상에 대해서 말하는 습관이 없는 내게는 더더더 어려운 일이다. '수다'와 친하지 않은 내 체질을 변화시키려는 노력도 해봤으나 허망했다. 방법을 찾기로 했다. 아이들과 얘기한다는 게 본의 아니게 설교나 잔소리가 되는 수가 태반이라 질문을 해보기로. 하지만 하루 종일 각자 밖에서 살다가 잠깐 잠깐씩 보는 애들에게, 저녁 먹고 들어왔니? 점심 먹고 나갈 거야? 엄마 시장 가는데 먹고 싶은 거 있으면 얘기해. 도시락 싸줄까? 등등, 도대체 '밥' 얘기 말고 할 얘기가 별로 없었다. 그래서 택한 것이 친구 얘기다. 집에 들어와서도 핸드폰이나 인터넷 채팅으로 늘 친구들과 연결되어 있는 것으로 보이는 아이들은 몸만 집에 있었다 뿐이었다. 아이들의 수다, 그 속에 수없는 이야기가 있을 것이었다. 애들 둘이 다 스물을 넘긴 지금은 내가 이름을 아는 아이들의 안부를 가끔 묻기도 하고, 자기들이 먼저, 엄마, 아무개가 있잖아…… 이러면서 말을 걸어오기도 한다. 그러나 저절로 그렇게 된 것은 아니었다. 노력이 필요했다.

아들이 중학교 때였던 거 같다. 얌전하고 모범생인 줄 알았던 녀석이 간간이 사고를 쳐서 학교에서 전화가 왔다. 도대체 밖에서는 어떤 아이일까 궁금했고, 어떤 아이들과 어울려 다니는지도 알 수가 없었다. 공부 잘하고 착한 애들하고만 놀라고 할 수도 없고, 집에 와서 놀라고 해도 내가 집에 없으니 소용없는 일이었다. 슬쩍슬쩍 친구들 이름을 물어보기 시작했다. 아들은 짜증을 냈다. 마치 내가 대단한 사생활 간섭이라도 하는 것처럼. 나도 맞받아서 화를 냈다. 우리가 어렸을 때 얘기를 해줬다. 핸드폰도 없고 심지어 전화가 없는 집도 많았던 시절이었다. 친구와 놀려면 집에 찾아가서 대문에서 "ㅇㅇ야, 노올자~ 김ㅇㅇ~" 이렇게 노래를 해야 했다. 아이가 둘이 되고 셋이 되면서 노랫소리는 점점 커졌고, 대문 안쪽의 엄마들은 아이들의 얼굴과 이름을 익히기 마련이었다. 전화를 걸어도 마찬가지였다. "저, 아무개 친구 아무개인데요, 아무개 좀 바꿔주세요" 이런 대사를 늘 듣다 보니 엄마들은 아이들 친구들을 자연스럽게 알았고, 이런 아이들이 자라서 친구 부모한테 세배를 가기도 하지 않았는가. 그러고 보니 내가 이렇게 오래 살았나 싶을 정도로 세상이 변해도 너무 변했다!

이런 이야기를 들려주니 아이는 마치 재미있는 '옛이야기' 수준으로 귀를 기울였다. 그리고 달라졌다. 자기 친구에 관한 나의 질문에 적응했다. 사실 나는 유별나게 아이들을 좋아한다. 양가를 통틀어서 막내인 내 아들은 말할 것도 없고 내 아들 친구들까지도 마치 막내처럼 보여서 애기 대접을 한다. 쑥스러워하는 녀석도 있고,

희희낙락하는 녀석도 있지만 녀석들은 대체로 좋아라 하는 것처럼 보인다. 그런데 문제는 우리 아들 친구가 너무 많다는 것이다. 대학교 들어가기 전까지 자그마치 10개의 학교+재수 학원까지 다닌 이 아이는 친구가 정말 다양하고 심지어는 이름이 같은 친구도 있다. 게다가 나는 청각적 기억력이 형편없어서 그냥 이름만 들어서는 사람을 거의 기억하지 못한다. 명함에 또박또박 박힌 걸 보거나 얼굴과 이름을 한꺼번에 입력해야 기억하기 때문에 가끔 보는 사람에게는 미안한 경우가 많이 발생한다. 그러니 이름만 들어본 아들 친구를 내가 기억할 리가 없다.

외출에서 돌아온 아들이 엄마, 아무개가 있잖아, 이러면서 말을 시작할 때는 나름대로 기분이 좋은 것이거나 아니면 엄마를 배려하는 것인데 나는 한참 듣다가도 누구 얘기인지 잘 알아듣지 못하는 생뚱맞은 질문을 하는 경우가 종종 발생한다. 그럴 때면 녀석은 영락없이 짜증을 낸다. "엄마, 아무개 모르냐고!" 저는 몇 안 되는 내 친구 이름을 몇 번이나 말해도 잊어버리고 헷갈리면서 큰소리다. 애들을 관찰하고 이해하려고 우왕좌왕하다 보니 시도 때도 없이 애들한테 '야단을 맞는다.' 내참, 뭐가 좀 잘못된 거 같다. 어렵고도 어려운 자식교육!

13

교환 일기

딸아이 5학년 때 교환일기를 같이 썼다. 요새도 그런 게 있는지 모르지만 그때는 친구랑 둘이서 한 공책에 일기를 나눠 쓰는 게 애들 사이에 유행이었다. 자주 집을 비우니 애가 그때그때 하고 싶은 말도 적어놓고, 엄마가 몸은 집에 없어도 마음은 두고 나갔다는 표시로 그런 생각을 했다. 요즘 계속되는 이사에 이리저리 옮기던 책 정리하다가 나왔길래 신기해서 갖다줬더니 애는 관심도 없고 나 혼자 들춰본다.

99년 10월 13일
교환일기장으로 쓰려고 교보에 갔던 길에 사온 공책이다…… 아까 책이랑 공책이랑 사온 건 잘 안 보이는 데 두었는데도 애가 벌써 펼쳐 보았나 보다. 혹시 ㅇㅇ이 부러워할까 봐 그랬는데……

나는 이렇게 진짜 일기로 시작했는데 애는 바로 편지로 화답을 해왔다.

10/14 목 8시 17분 30초

엄마! 편지 봤어요. 기분이 되게 좋았어요. 오늘 쓰면 또 답장 써주실 거죠? 쿠키는 동생 책상에다 놓으세요. 내일 쿠키 2개 받아올께요. 내일 피구대회 있는데 꼭 이길 꺼예요. 파이팅! 해주시고 물 좀 얼려 주세요. 중지하고 몽진이도 웃기죠? 조끔한게 벌써부터 남자친구도 있고.... ㅇㅇ이는 여자애들하구 얘기하거나 장난쳐도 별말 없는데... 그럼 안녕히 주무세요. 의존이, 오이존, 아마존 올림

이렇게 화기애애하게 시작된 일기는 시시콜콜 이어지다가 급기야는 싸움(?)이 되기도 했던 모양이다.

99년 10월 20일 9시 16초

엄마 오늘 화났었어요? 쪼끔 많이 무서웠었어요. 만화는 여전히 토요일에만 볼께요. 지금 〈이거 읽는 즉시〉 교환일기 쓰세요! 오늘 공부 뭐 했냐면 문제집 쬐끔(1장) 해법, 피아노, 숙제, 영어, 학습지. 빨랑빨랑 플루트 배우고 싶어요. 근데 전에 다니던 피아노 날짜가 쪼끔 남았잖아요. 이제 와서 생각하니까 에효~~~ 아까버라. 내일이 무척 기대되요. 왜냐고용? 바른손 음악학원~ 간당~~ 우왕~~(♥) 너무너무 무지무지 엄청 울트라 캡숑 나이스 짱~ 좋아요. "모레부턴 플루트 배운다~~ (♩♪♬)" ....

식탁에 앉아서 십여 년 전의 이 글을 읽으며 왔다 갔다 하는 딸의 모습을 훔쳐본다. 저 아이가 이럴 때가 있었구나 싶다. 계속 이렇게 컸으면 얼마나 좋았을까. 대학 졸업이 얼마나 스트레스인지, 정리하라고 하면 초등학교 때 친구한테 받은 쪽지까지 읽어가며 혼자 킬킬거리는 애가 통 여유가 없다. 뭐가 뭔지 모르겠지만 '학교' 안 다녀도 되는 것 같으니 내가 다 속이 시원하다!

14

엇나갈 거야, 삐뚤어질 거야

그러고 보니 우리 큰아이는 진짜 리더형 인간인 거 같다. 이 아이를 관찰하면서 리더형과 자기중심적인 것의 차이를 구별하기가 몹시 까다롭다는 걸 알게 되었는데 맨 처음 기억은 초등학교 2학년 때였을까, 반장선거를 했다는 얘기를 들을 때였다. 애가 학교에서 돌아오는 때면, 나는 주로 서재에서 번역에 열중하고 있는 시간이었고, 초등학교에 들어간 아이는 급식도 없던 시절이라 유치원 때보다도 일찍 귀가하는 통에 나는 늘 시간이 모자랐다. 그런 까닭에 집에 들어오는 아이를 잘 '맞아들이기' 어려웠고 그게 우리 딸이 다른 애들처럼 학교 생활을 내게 미주알고주알 얘기하지 않았던 이유가 아니었을까 싶다. 그런데 이날은 애가 뭔가 대단한 얘깃거리라도 있는 듯, 서재에 들어와서 발을 동동거리면서 숨도 못 고르고 얘기를 늘어놨다. 무슨 얘기인가 들어보니 학교에서 반장선거가 있었다는 것이다.

"그래서, 너도 나갔었어?"
"아니."

생각보다 심플하고 단호한 아이의 대답에 약간 실망한 채로 나도 간단히 물었다.
"왜?"
"한 표도 안 나오면 어떻게 해."
그제야 녀석의 마음을 안 나는 용기를 내라는 뜻에서 이렇게 대답했다.
"아니지! 네가 네 이름을 쓰면 한 표는 나오는 거지."

해놓고 보니 좋은 조언은 아니었던 거 같다. 아이도 전혀 내 말에 감동을 받지 않은 얼굴로 양쪽 발을 이리저리 구르고 있었다. 그러고 보니 들어오는 길로 계속 저렇게 발을 구르면서 말을 하고 있다.

"근데, 너 왜 그래?"
"오줌 마려워서!"

그제야 애는 쪼르르 화장실로 뛰어 가서 오줌을 누면서도 문을 열어놓은 채 얘기를 계속했다. 그때는 어이없고, 귀엽고 그런 생각만 했는데 스물다섯 살이 된 지금까지도 이 아이는 늘 이런 식이다. 그 절정이 대학입시를 치를 때였다.

지금 돌아보면 외고에만 가지 않았더라면 이 아이 인생이 크게 달라졌을 거 같다. 현명한 엄마들은 외고 보내는 것도 여러 각도에서 생각해본다는데 나는 너무 무심했다. 애가 설마 합격할 줄은 몰라서도 그랬겠지만 이 아이의 이런 면보다는 현실적응 능력만 생각했었다. 전교 1등도 떨어지는 판에 전교 100등 하다가 합격을 해서 '운 좋은 놈은 하느님도 못 말린다'는 소리까지 들었지만 이 아이 인생에서 '죽을 것처럼 열심히' 공부했던 때는 그때뿐이었던 거 같다. 그러나 합격의 기쁨은 잠시였고, 학교가 완전히 '입시학원'이고 애들이 모두 시험 점수에 목숨 건다는 걸 알고 아이는 분노를 터뜨렸다. 그래도 할 수 없는 일이었고 나는 우리 딸도 공부하지 않을까 기대했다. 그러나 '자기중심적'인 이 아이는 성적으로는 어떻게도 해볼 수 없다는 걸 깨닫고 아예 공부를 포기했다. 당연히 성적은 하위 몇 퍼센트에서 맴돌았고, 아이는 끊임없이 자기가 잘할 수 있는 일에 열중했다. 밴드부 활동이며 학교 축제 일에 몰두했고, 그 나름의 사회생활에서 생기는 스트레스는 집에 와서 피아노로 풀었다. 새벽에 나가서 밤 12시나 되어서 집에 들어왔던 게 고마운 일이었고 나도 막 출판사를 시작해서 정신없었던 게 다행이었다. 그렇지 않았다면 "엇나갈 거야! 삐뚤어질 거야!" 아니면 "지금 안 놀면 언제 노나?"를 입에 달고 사는 고등학생 딸과 과연 평화롭게 지낼 수가 있었을까?

이런 아이도 고3이 되자 어떻게 해봐야겠다는 생각이 들었던 모양이다. 수시에 '글로벌리더'라는 전형이 있다는 걸 알고 희망을 가지기 시작했다. 내신이 엉망이면 안 된다는 얘기는 모집요강을 아무리 읽어도 나와 있지 않았다. 원칙주의자인 엄마와 희망을 발견한 딸은 입시에 관한 소문들을 믿지 않기로 했다. 다만 스펙이 문제였다. 다양한 활동을 했지만 입시에 도움이 될 만한 건 없어 보였다. 아이는 부랴부랴 델프 시험 준비를 하기로 했지만 학원에는 다닐 시간이 없었고, 학교에서는 델

프 시험 준비반을 폐지했다고 했다. 내가 난감해하고 있는 동안 아이가 하루 만에 문제를 해결했다. 열두 명이 신청하면 강좌를 개설할 수 있다는 걸 알아내고는 그 길로 친구들을 설득해서 학교로부터 강좌개설 약속을 받아낸 것이다. 그뿐 아니었다. 친구들을 조직해서 면접시험 준비를 한다 어쩐다 하며 반짝반짝했다. 워낙 능동적으로 움직이며 모임을 주도해 나가니 자기보다 성적이 훨씬 좋은 친구들의 부러움을 한 몸에 샀고, 딴 애들은 몰라도 우리 딸은 거의 합격 분위기였다. 오로지 글쓰기 싫어하는 게 문제라서 자기소개서 때문에 애를 먹었을 뿐이다.

자기소개서에는 짧은 글 속에 자기 장점과 단점, 그것을 극복한 사례, 가장 인상에 남는 경험 등등 써야 할 것도 많았다. 어찌어찌 해서 딸이 쓰고 내가 도움말을 해주고 그러다가 싸우기를 몇 번 반복하다가 내 마음에는 꽤 드는 글이 나왔다. 흐뭇했다. 전반적인 합격 분위기에 자기소개서까지 잘 썼으니까. 그래도 불안해서 나는 입시에 대해서 좀 아는 지인에게 글을 한번 봐달라고 했다. 그는 무거운 말투로 이렇게 말했다. "글은 참 잘 썼네요…… 잘 쓴 글이에요…… 그런데 아시잖아요, 이렇게 쓰는 거 아니에요." 알다니, 내가 무엇을 알아야 했을까? 당황스럽긴 했지만 천편일률적일 게 뻔한 자기소개서들 중에서 오히려 심사위원들 눈에 띄는 진솔한 글이 아닐까 하는 기대로 우리는 그냥 밀고 나갔다. 달리 방법도 없었다. 그러나 결국 우리 딸은 떨어졌고 함께 면접준비를 하던 친구들은 모두 합격했다. 아이는 분노했고 나는 당황했다. 불합격보다 더 당황스러운 건 아이의 분노였다. 떨어져서 기가 죽는 건 이해할 수 있다. 그런데, 저 분노는……

우리나라 입시가 훌륭하다는 사람은 한 사람도 없다. 그러나 받아들여야 한다, 자기가 못되었다고 친구 잘된 것을 싫어하면 안 된다 등등 나는 참 애한테 도움이 하나도 안되는, 타이밍도 전혀 안맞는 '교육'을 했었다, 그때. 이제는 아이가 그때 터뜨렸던 분노를 이해할 것도 같다. 그리고 어떤 면에서는 그렇게 화낼 수 있어서 다행이라는 생각도 든다.

15

안경집에서는 안경만 팔아서 먹고 살아?

동네에 단골 안경집이 있다. 남대문처럼 싸게 판다고 남대문 마트라는 이름이 붙어 있는 그 안경집은 꽤 큰 편이고 친절하다. 아들 녀석이 두 번째나 안경 코걸이 부분을 망가뜨려 왔다. 사지도 않고 공짜로 고쳐 가지고만 오니까 여간 미안한 게 아니다. 이 아이는 차마 혼자 가지도 못한다. 저녁나절, 아이의 손을 잡고 같이 갔다. 낯이 익은 주인은 말없이 깔끔하게 고쳐준다. 가게 안에는 젊은 남녀가 안경을 고르고 있을 뿐 한산했다. 고쳐준 안경을 받아들고 녀석은 주인에게 90도 각도로 두 번이나 감사하다고 인사를 한 후에야 내 뒤를 따라 슬금슬금 안경집을 나서면서 이렇게 묻는 거다.

"엄마, 안경집에서는 안경만 팔아서 먹고 살아?"

"그렇겠지. 왜?"

"그냥. 안경이 저렇게 많은데 다 팔릴까? "

아이구 걱정도 팔자다 싶은데 이 녀석 입에서 나오는 소리는 더 가관이다.

"엄마 출판사는 아직도 적자야?"

책도 별로 안 읽는 애가 바람의 아이들 책이 한 권 나올 때마다 꼼꼼이 뜯어보고 읽어보고 하면서 돈을 얼마나 버느냐, 하도 묻길래 짜증도 나고(이상하게 이 아이는 돈에 관한 문제에 너무 세세한 부분까지 신경을 쓴다) 해서 벌긴 뭘 벌어! 적자야! 하고 적나라하게 얘기해버렸더니 내내 걱정인가 보다.

경제에 관한 어린이 책이 워낙 유행이니 경제현상에 대해 관심이 있는 건 이해를 한다 쳐도 쇼핑을 할 때마다 장사들을 눈여겨보고, 저렇게 해서 먹고 살 수 있을까, 하고 거의 한숨을 쉬는 지경으로 신경을 쓰는 아이를 보면 심란하다. 그렇잖아도 불경기라 동네 슈퍼나 과일가게에 갈 때마다 썰렁한 게 신경이 쓰이는데 이 녀석 눈에는 대체 뭐가 어디까지 보이는 걸까?

처음 아이가 돈에 관심을 보이던 때를 기억한다. 돈에 관해서 별걸 다 묻곤 했는데 좀 불편했다. 아이들은 '사실'에만 관심이 있기 때문에 질문에 답만 해주면 되는 일이었는데 돈에 관해서라면 윤리와 경제 사이에서 무얼 어디까지 가르쳐야 할지 혼란스러운 데다가 내가 돈 때문에 적잖은 스트레스를 받고 살던 시절이라 뭔가 자유롭지 않았던 듯하다. 그래서 검소를 가르치려고 들었었다. 이담에 커서 돈 많이 버는 게 거의 모든 아이들의 소망인 것에 대해서 심각하게 고민했었다. "돈은 무슨 일을 해도 벌어. 오래 하면 오래 할수록 많이 버는 거고." 라든가 "사람이 일을 하는 건 돈을 벌기 위해서가 아니야" 혹은 "돈에 끌려 다니지 말고 돈을 부릴 줄 알아야 한다"는 등의 고지식한 얘기들을 했었다. 아이들의 경제관념은 자기 집 형편에 어울리는 것이 가장 바람직할 것이다. 그러나 미친 듯이 돌아가는 소비 권하는 사회에서 무엇을 구매하는가로 자기를 표현하는 요즘 아이들에게 집에서 무엇을 가르친들 무슨 소용이 있겠는가 싶다.

16

엄마, 예쁜 물병 왜 안 써?

식탁을 차릴 때면 곁에 와서 도와주는 건 아들 녀석뿐이다. 일요일, 후다닥 점심상을 차리느라 수저 좀 놔라, 김치 그릇 좀 꺼내 놔라 연신 심부름을 시키는데 이 녀석이 묻는다.

"엄마, 예쁜 물병 왜 안 써?"

"응? 그렇네…… "

야노쉬의 일러스트가 들어간 물병과 물컵 세트를 선물받았는데 한 번도 꺼내 쓸 생각을 해본 적이 없다. 꺼내고 싶으면 꺼내라. 허락이 떨어지자 녀석은 신이 나서 컵과 물병을 모두 꺼내더니 냉장고에서 패트병 꺼내 물을 '예쁜 물병'에 옮겨 담는다. 식구들이 다 같이 밥 먹는 날인데 예쁜 거 놔야지~ 하면서. 그러고 보니 네 식구가 일주일에 밥을 한 끼나 같이 먹는지 모르겠다. 제 맘대로 하지 않고 엄마 의중을 묻는 녀석을 보니 슬그머니 웃음이 난다. 이 녀석은 늘 이렇다. 항상 내 마음을 살핀다. 아이 말이 맞다. 색다른 물컵과 물병을 놓으니 반찬도 별로 없는 식탁이 왠지 화려해 보이고 기분이 좋다. 삼겹살과 상추를 신나게 먹는 식구들 시중을 드느라 나는 앉을 새도 없다. 다들 먹는 데 열중해서 내가 밥을 먹는지 굶는지 신경 쓰는 사람은 아무도 없다. 크느라고 워낙 먹성이 좋은 이 녀석이 엄마, 고기 더 줘!를 몇 번 하더니 엄마는 왜 안 먹어? 한다. 누나와 아빠는 수저를 놓고 이미 자리를 뜬 뒤다.

"엄만 원래 고기 안 좋아하잖아."

사실이다. 그런데도 녀석은 한 마디 더한다.

"그럼 엄마는 고기 대신 뭘로 영양을 보충해?"

또 마음이 쓰이는 것이다. 아이를 안심시키고 식탁에 남은 것들을 주섬주섬 먹고 있는데 이 녀석이 또 이런다.

"에이, 치우려면 힘들겠네…… 내가 좀 도와드릴까?"

상추와 김치, 쌈장 그리고 삼겹살뿐인 밥상이지만 네 개의 앞 접시에 소스 접시, 고기 굽는 판에 신문지와 집게와 가위, 나무젓가락까지, 정말 무슨 전쟁터 같다. 아무의 눈에도 안 보이는 그게, 이 녀석 눈에 보이다니……

이건 아마도 녀석이 중학생 때 일인 거 같다. 되짚어보면 아주 어릴 때부터 이 아인 항상 그랬다. 텔레비전 앞에 모여 앉은 식구들에게 과일을 깎아주고 부엌에서 일을 하면 다른 식구들은 당연하게 받아들이는데 이 녀석 혼자서 엄마도 먹으라며 사과 한쪽을 들고 부엌에서 거실로 왔다 갔다 바빴다. 내가 몸이 아파도 알아차리는 것은 아들 녀석뿐이었다. 심지어 아기 의자에 앉을 만큼 어렸을 때도 내가 피로에 지친 기색이면 "엄마, 나한테 기대"라고 말해서 나를 정신차리게 했다. 아이가 어떻게 그럴 수 있을까 싶었다.

다시 생각해도 신기한 일이라 가끔 "네가 어렸을 때는 그랬어, 자식아!"하고 아들을 나무란다. 요새는 엄마 말 안 듣는 건 기본이고 얼굴 보기도 힘들기 때문이다. 그러나 이 녀석은 전혀 감동하지 않고 이렇게 대답하곤 한다. "평생 할 효도, 그때 다 한 거야!" 애들은 크면서 열 두 번도 더 변한다더니, 이렇게 능청스럽게 변할 줄이야!

17

산타 할아버지, 사인해주세요!

큰애가 유치원 때 일이다. 이 나이 아이들은 산타 할아버지가 진짜 있는지 없는지에 대해서(유치원에서 분장하고 선물 주는 산타 할아버지, 그 밖에 시즌이 되면 여기저기 빨간 옷 입고 돌아다니는 산타 할아버지들) 종종 논쟁을 벌이곤 한다. 우리 애도 그랬나 보다. 여섯 살 무렵 크리스마스 이브였다. 잠들기 전에 산타 할아버지가 선물을 주러 오실 것인가에 대해서 한참 고민을 하더니, 엄마 아빠의 반응이 별 신통치 않자, 겨우 익힌 글 솜씨로 뭔가 적어놓고 자는 거다. 애가 잠들고 나서 슬쩍 들어가봤더니, 산타 할아버지가 만약에 진짜로 있는 거라면 선물만 놓고 가지 말고 '사인'을 해놓고 가라는 편지를 써놓았다. 친구들한테 보여줘야 된다면서 간절한 부탁의 말을 적어놓았다. '증거'를 들고 가서 친구들한테 이기고 싶어하는 마음이 고스란히 들어있는 글이었다. 그 짤막한 편지를 보는 순간 웃음이 저절로 터져 나왔다. 애는 절실한 마음에 단순하게 생각한 거겠지만 내가 보기엔 참으로 기발한 생각이었다. 애들이 진지하게 생각하고 나름대로 결론을 내려서 행동에 옮기면 어른들은 정말 웃을 일이 많아진다.

이런 종류의 일은 애들이 어렸을 때 흔하게 일어나는데, 우리 집에서는 주로 큰아이가 그랬다. 가만, 작은 녀석은 안 그랬나? 아니면 그렇게 이상한(?) 일에 적응이 되어서 별로 놀랍지 않았던 걸까? 아이를 키우면서 내가 잃어버렸던 유년에 관해서 많은 걸 발견하고 그게 너무 재미있어서 나는 동화책을 읽는 사람이 되었더랬다. 그때 읽은 책 중에서 생각하면 아직도 웃음이 나는는 책이 있다. 하느님께 보내는 아이들의 편지를 모아놓은 책인데 어떤 꼬마가 하느님한테 우리 목사님이랑 진짜 친구세요? 아니면 사업상 아는 사이세요? 라고 써놓은 걸 보고 배꼽을 잡았던 기억이 난다. 물론 당연히 '사업상 아는 사이'일 거라는 짐작을 할 수 있는 어른이라서 더더욱.

우리 어릴 때는 궁금해도 어른한테 아무거나 물어볼 수 있는 시대가 아니었다. 그래서 애들은 별로 어른을 웃기지 않았던 것 같다. 그렇지만 요즘 애들은 웬만하면 궁금한 건 다 물어본다. 적어도 동화책에 나오는 아이들은 그렇게 변했다. 그게 어느 정도는 외국문학의 영향이 아닌가 한다. 우리 딸이 이러던 무렵, 한국 동화책과 외국 동화책의 현저한 차이가 바로 주체적으로 생각하는 주인공에 있었으니까. 나의 첫 번째 평론집에서는 그걸 열심히 설명하느라 애썼었는데 아마도 내가 이런 아이를 키우는 엄마가 아니었다면 그런 일은 일어나지 않았을 것이다.

18

피카소의 진짜 이름

지금 번역하고 있는 그림책에 다음과 같은 구절이 나온다.

피카소의 진짜 이름은 파블로 디에고 조제 프란시스코 드 파울라 요안 네포무체노 마리아 드 로스 레메디오스 치프리아노 드 라 산티시마 트리니다드 루이즈 피카소였다. 피카소가 자기 이름을 파블로 피카소라고 줄여서 참 다행이다. 아니면 그림 그리고 나서 사인하는 게 정말 큰 문제였을 것이다.

여기까지 옮기고 나서 나는 못 참고 소리내어 웃고 말았다. 이름을 줄여서 '다행'이라고는 나도 생각했지만 그걸 사인 문제와 연결시켜서 생각하지는 못했다! 하여튼 다행은 다행이다.

이 시리즈의 책 몇 권을 번역했었다. 다시 생각해도 참 좋은 책이었는데 아쉽게도 절판되어 버렸다. 비슷한 종류의 책들이 계속 출간되기 때문에 끊임없이 경쟁이 벌어지는 현실은 이해한다. 그렇지만 그 경쟁에서 꼭 좋은 책이 살아남는 것이 아니라는 점은 무척 아쉽다. 이 책은 '대형' 출판사에서 나온 책이라서 절판된다는 생각은 해보지도 못하고 역자 증정본을 몽땅 주변 사람들에게 나눠줘 버렸는데 지금은 참 아쉽다. 이제야 우리 아이들이 결혼을 하고 아이를 낳겠구나 싶어졌고, 그 아이들에게 외할머니가 번역한 책을 물려주고 죽으면 얼마나 좋겠나 싶다. 내가 '책 주는 아줌마'였던 것도 좋은 일이기는 하지만 그래도 내 아이들이 이담에 속상해할 수도 있을 테니 좀 후회가 된다.

그런데 이 책이 재미있어서 아마 번역하다 말고 이 글을 썼었나 보다. 지금만 같아도 하지 않을 짓이다. 나는 동화책에서 아이들 마음을 읽어낼 수 있을 때가 참 재미있었다. 독자로서도 역자로서도. 지금은 그 정도는 아닌데 이제 너무 익숙해져서 그럴 수도 있지만 어느 정도는 내 아이들이 더 이상 어리지 않기 때문에 그럴 수도 있다. 다시 생각해도 아이를 키우는 엄마들, 가르치는 교사들은 아이들 심리를 간접 체험할 수 있는 문학작품을 많이 읽어서 아이들과 소통할 수 있는 마인드를 키우는 게 정말 중요하다.

19

내 탓인 거 같아

엊저녁 아들 녀석을 태우고 집으로 돌아가는 길, 앞에서 누런 개 한 마리가 어슬렁대고 있다. 흔한 일이라 서행을 하면서 비켜가고 있었다. 그런데 뒤에 탔던 아들 녀석은 위험해 보이는지, "앗! 엄마, 개가 있잖아……" 한다. 아무렴 엄마가 개를 치일까 봐 그러니, 어쩌고 하면서 유유히 빠져나오는데 이 녀석이 한마디 하는 거다.

"난 비둘기가 차에 치이는 거 봤어. 그 자리에서 치여서 죽는 거."

거기까지 들었을 때만 해도 심드렁하게 대꾸도 않고 있었다. 그런데 녀석은 말을 그치지 않았다.

"근데, 그게 나 때문인 거 같아……"

낙엽과 어둠이 깔린 차창 밖의 풍경에 팔려있던 정신이 순간적으로 차렷하는 기분이랄까, 뭔가 수축하는 느낌은 저절로 말대꾸가 되어 나왔다.

"아니, 그게 왜 네 탓이야!"

"그게…… 비둘기가 걸어가는데 내가 쫓았거든, 그랬더니 날아가서 차도에 앉는 거야. 버스가 와서 빵빵거려도 비키지도 않고…… 그래서 그 버스에 치여 죽었어.

치여 죽는 바로 그걸 내가 봤단 말이야…… 아무래도 나 때문에 그런 거 같아……"

"야! 걔가 죽은 게 어떻게 네 탓이니? 비둘기는 날개가 달린 짐승이야. 바보같이 왜 걸어다녀!"

거의 신경질적인 내 반응에 아이는 아무 대꾸도 하지 않았다. 뭔가 설득력이 없었다. 아이도, 나도. 잠시 후에 나는 아이에게 다시 말을 걸었다.

"너, 그럴 때 많지? 뭔가 잘못되면, 자꾸 네 탓인 거 같은 기분이 드는 때."

"어…… 응…… 그런가? 아니…… 몰라…… 모르겠어."

나는 안다. 이 녀석이 왜 이렇게 대답하는지. 이번에는 내가 걱정하지 않기를 바라는 거다. 이런 식의 죄의식은 책임감이 아니라는 것, 자신은 물론 남들에게도 도움이 되지 않는다는 것을 나는 너무나 잘 알고 있지만 설명할 능력이 없다……. 어쩌랴. 이렇게 타고난 것을 어쩌랴……

내 탓이다. 한숨이 난다.

이 녀석이 이럴 때마다 나는 속이 뜨끔하다. 지나친 책임감으로 고생하는 나는 무슨 문제를 만나면 항상 내 탓인 거 같다고 생각한다. 그런데 사실은 그렇지 않기 때문에 뭐가 어디서부터 잘못된 건지 생각하느라고 머리가 아프다. 그렇지만 그런 걸 아이들에게 말하고 지내는 거 같지는 않은데 어떻게 이렇게 아이에게 전염이 된 걸까? 사실, 이런 문제는 위로하거나 설득해서 해결되지 않는다. 스스로 극복할 수밖에 없다. 어쩌면 말도 안 되는 감정적인 대처가 답일 수도 있다. 양성평등적인 사고를 하면서도, 『용감한 꼬마 해적』이나 『아빠가 길을 잃었어요』 같은 동화에 나오는 남성들의 억압에 대해서 구구절절 공감을 하면서도 경상도 식의 보수적인 가정교육을 받은 나는 '사내자식이' 라는 생각을 떨쳐내는 데에 많은 시간이 걸렸다. 이제는 건장한 청년으로 자란 아들을 보면서 이런 신경을 쓰느라고 나 스스로도 좀 나아졌다.

20

4대 문명의 발상지는?

언제부턴가 방학이 부담스러워졌다. 학생일 때는(선생이었을 때는 더!) 방학이 좋았는데 이제는 방학이 되어 애들이 학교를 안 가기 시작하면 황당하다. 고3이 되는 딸은 하루종일 학원이다 독서실이다 돌아다니며 집에서 밥을 한 끼도 안 먹기 때문에 돈만 넉넉히 주면 신경 쓸 일이 없다. 근데 작은 녀석은 아침에 안 일어나는 건 기본이고 종일 혼자 집에서 죽치기 때문에 대책이 안 선다. 한창 먹을 때라 늘 배가 고픈 데다가 나는 나대로 주말에만 밥상을 차리는 게 습관이 되어서 매일 뭘 먹이나 머리가 안 돌아간다. 할 수 없이 며칠째 점심시간엔 집으로 뛰어들어간다. 어제는 집에 들어가는 길에 라디오에서 계란말이 어쩌고 하길래 된장찌개 끓이고 계란말이 해서 김치랑 깻잎까지 놓고 밥상을 차렸다. 그랬더니 식탁에 앉은 이 녀석 하는 말. 계란말이가 왜 이렇게 짜? (그러게……) 반찬이 없네…… 반찬을 세 가지 이상 놓지 않는 것은 내게는 거의 원칙이자 습관이다. 그러나 내가 봐도 별로 먹을 게 없는 밥상이다. 애는 물 한 컵을 들이킨다.

얼른 화제를 돌리려 잔소리를 했다.

"야! 밥 먹을 때 물 먹으면 안 좋다고 그랬지!"

애는 냉큼 마신 물 컵을 내려놓으며 지지 않고 대꾸한다.

"왜 그런지 알아?"

"소화액이 희석된다고 했잖아."

"어! 아네? 소화효소 이름 알아?"

"아미나젠가?"

반사적으로 튀어나온 이름이었다.

"맞아, 아.밀.라.아.제."

내가 그런 문제를 맞춘(?) 게 스스로 기특해서 한마디 더 하다가 실수를 했다.

"위에서 나오는 거잖아."

"침에 있는 거지! 위에서 나오는 건 뭐게?"

"……"

"위액이지 뭐야!"

"……!"

"위액에 들어있는 소화효소 세 가지는?"

"야! 넌 배운 지 얼마 안됐지만 난 30년도 넘었는데 어떻게 알아?"

"펩신, 뮤신, 염산."

이 녀석은 이상하다. 밥상머리에 앉아서 "4대 문명의 발상지는?"이라든가……

내 능력으로는 옮겨적어볼 수도 없는 지리, 생물, 가정 등등 중학교 교과서 내용을 문제 내기를 좋아한다. 내가 대답을 못할 때마다 득의만면한 미소를 짓는다. 내 참! 암기가 무슨 취미도 아니니 이상한 녀석이다.

"야! 넌 근데 왜 공부는 못하냐?"
"그러게……"

기가 하나도 안 죽는 걸 보니 어이가 없다. 갑자기 애가 늙어 보인다.

요즘은 다 컸다고 엄마 정도는 무슨 말을 해도 이겨먹는다. 아빠한테는 가끔 존댓말도 하고 어려운 척도 하면서 그런다. '가부장적인 거 너무 싫다'면서도 그런다. 역시 '남자들'은 못 말린다. 아들은 동성이 아니라서 엄마가 키우기 어렵다고 들었다. 그런데 이 녀석은 자랄수록 여러 가지가 나랑 정말 비슷하다는 생각이 든다. 비슷한 만큼 공감이 많이 일어난다. 그러니까 멘토링을 훨씬 잘해줄 수 있을 것 같은데 워낙 고집이 세고 시야가 좁아서 엄마 말은 귓등으로 듣는다. 고등학교 때까지 너무 많은 얘기를 해준 탓도 있겠지만 어쩌면 나처럼 집중력이 필요 이상으로 발달해서 당면과제 이외에는 아무것도 안 보이고 안 들리는지도 모른다. 두고 볼 일이다. 인간이란 참 희한하다. 거의 모든 것을 타고난다는 생각을 하긴 했지만 아들을 봐도 딸을 봐도 새록새록 그렇게 느껴진다. 세상이 참으로 많이 변했으니 제 아빠 엄마와는 전혀 다른 버전으로 계속 업데이트되기를 바랄 뿐이다!

21

튜브가 불어로 뭐지?

홍차에 적신 마들렌의 맛이나, 된장찌개의 냄새 같은 것보다도 어떤 낱말들이 나를 기억 속의 한 장면으로 끌고 들어가는 일이 더 많다. 어제도 그랬다. 프랑스에서 도착한 그림책 신간을 훑어보다가 bouée라는 낱말에 딱 멎어버렸다. 눈은 그림책을 건성으로 훑고 있었고 나는 이미 십수 년 전의 어떤 여름날을 찾아가고 있었다.

다섯 살이던 큰애는 창원에 있는 유치원에 유학을 보내고(거기, 동생이 살고 있었다) 갓 돌을 지낸 작은 애는 당시 신월동에 사시던 친정어머니와 이모님께 맡기고 남편은 홍은동 아파트에 혼자 내버려두고 용감하게 프랑스로 떠났었다. 지금 생각해보니까 기가 막힌 일이다. 겨우 넷인 식구를 네 군데로 흩어놓고 어찌 그렇게 할 수 있었는지! 그때는 프랑스 정부에서 지원금을 준다기에 떠나야 한다는 생각에만 집중하고 있었는데 지금이라면 과연 그렇게 할 수 있을까 싶다. 아직 말도 못하는 작은 녀석은 문제가 없었지만(?) 다섯 살짜리 큰애를 떼어놓는 일이 쉽지는 않았다. 이모 집에서 유치원 한 학기 잘 다니면 여름방학 때 아빠랑 프랑스에 오게 해준다고 꼬드겼었다.

세계문학번역연구소에서 다섯 달 간의 긴 체류를 마친 그해 여름, 아이는 서울에서 파리까지 열세 시간의 비행기를 타고 또 다시 대여섯 시간 기차를 타고 잠에서 덜 깬 모습으로 아빠 손에 이끌려서 내가 있던 아를르에 나타났었다. 어찌나 불쌍해 보였는지 모른다. 그래서 한껏 잘해주려고 했지만 내 생각과는 달리 아를르에서의 한 달은 이 아이에게 전혀 즐겁지 않았다. 한국말을 하는 사람 하나도 없었고, '아이'도 하나도 없는 환경이라는 것을 상상도 못했고 적응도 못했던 것이다. 오죽하면 놀이터에서 모르는 아이를 만났는데 무조건 엄마 아빠 손을 놓고 가서 같이 놀 정도였다. 보고 있자니 얼마 안 되어서 그 프랑스 아이가 우리 딸 손을 붙들고 내게로 왔다.

"아줌마, 얘, 말 못해요?"

말을 못하는 게 아니라 외국말을 하는 거라고 했더니 그 촌구석의 아이, '외국말'이 뭐냔다. 그러던 어느날 한국인 친구의 초대로 브르타뉴 지방에 있는 바닷가에 가게 되었다. 또 다시 어른들 틈에서 지루한 기차여행 끝에 도착한 브르타뉴의 조용한 시골역. 그 집으로 가는 길에 일본인 여자와 쌍둥이 딸들을 만났다. 우리는 당연히 초면이었고 내 친구의 친구인 그들은 해수욕을 가는 길이라며 괜찮다면 우리 딸을 데리고 가겠다고 했다. 한마디도 못 알아들으면서도 우리딸은 선뜻 그러겠다고 했다. 선잠에서 깨어난 아이가 낯선 사람을 따라 해수욕을 간다니 어이가 없었지만 그래, 어쩌나 보자, 하고 그냥 보냈다. 몇 시간 잘 놀고 쌍둥이 언니와 일본 아줌마를 대동하고 우리 딸이 돌아왔다. 애는 의기양양하고 나는 그 집에 좀 미안했다.

"애가 말도 못하는데…… 힘들지 않으셨어요?"

"천만에요! 우리 쌍둥이들도 다 구별하던데요! 수영하고 나서 크렙 먹으러 갔는데 초코 크렙 먹겠다고 하던걸요."

그녀는 계속 싱글싱글 웃었고, 내성적으로 보이는 쌍둥이 딸들은 입도 떼지 않았고, 나는 여전히 뭐가 뭔지 몰랐는데 그다음 날 우리끼리 수영을 갔다가 일어난 일이다. 수영을 할 줄 모르는 아이와 그 아빠. 튜브가 필요했다. 튜브를 빌려야 했는데 우리 중 아무도 튜브라는 낱말을 몰랐다. 불문과 나와서 그것도 모르냐고 구박을 하는 남편 말에 발자크, 스탕달, 플로베르…… 로브그리예에 이르기까지, 그리고 막 번역을 끝냈던 조르쥬 바따이유까지 떠올려봤지만 '튜브' 같은 낱말은 내가 읽었던 책에는 한 번도 나온 적이 없었다. 무슨 생각이었는지 문득 남편이 내게 말했다.

"의진이한테 물어봐!"

"응? 의진이가 어떻게 알아? 나도 모르는데!"

"글쎄, 물어보라니까."

물어봤다. 대답은 간단했다. bouée. 전혀 망설임 없는 확신에 찬 딱 한마디. 그날 이후, bouée 라는 낱말은 내 기억에 신기한 힘으로 박혔다. 그리고 이 기억은 나로

하여금 몇 년 후『거저먹기 외국어』라는 책을 고르고 번역하게 만들었다. 애들은 외국어의 바다에 빠뜨려놓으면 저절로 배우게 된다는 부모의 믿음을 깜찍하게 배반하던 꼬마 녀석의 이야기, 지금 생각해도 빙그레 웃음이 떠오른다.

애들을 키우는 내내 나는 어린이 문학을 하기 잘했다는 생각을 여러 번 했다. 그렇지 않았으면 아이들이 내 일에 도움이 되는 일은 일어났을 리가 만무하고 늘 애들 때문에 불만이 쌓였을 게 틀림없다. 그러나 어린이 책을 읽으면서 아이들 마음을 이해하고 인식 수준을 감지했으며 아이들을 관찰하는 일은 내 직업에 확실하게 도움이 되었다. 큰애가 글자를 깨우치던 기억에서부터 독서광이던 시절을 거치면서 자라나는 모습은 내겐 개인적으로 수백 권의 책을 읽는 것보다도 더 도움이 되었다. 다시 생각해도 부모들이나 교사들은 애들에게 책만 사다줄 일이 아니다. 그것보다는 자신들이 애들 책을 읽는 편이 낫다. 훨씬 낫다.

22

지적 허영

사무실에 매킨토시 컴퓨터를 들여놓고 표지와 광고 디자인 때문에 야근을 하고, 술 한 잔도 안 마시고도 늦게, 그러나 건전하게 귀가하니 집 안이 썰렁하다. 그러나 애들은 아랑곳 않는 듯 텔레비전 드라마에 몰두하고 있다. 혼자 부산하게 오락가락하고 있는데 큰애가 암 말도 안하고 종이쪽지 하나를 쑥 내민다. 나는 보지도 않고, 자동적으로 "또, 돈 달라고!" 해놓고 눈부터 흘겼다. 툭 하면 필요한 경비를 주루룩 적은 종이를 내미는 탓에. 그런데 받아서 훑어보니 돈 얘기보다 더 어이가 없다.

박상륭, 『죽음의 한 연구』

성기완, 『쇼핑 갔다 오십니까?』

번역서인가....『록의 시대 - 저항의 실험과 카타르시스』

베르코르, 『바다의 침묵』

롤랑 바르트, 『사랑의 단상』

조르쥬 바타이유, 『에로티즘』

이상, 사주세요!

바로 어제 저녁에도 국어 성적이 너무 나빠서 안 되겠으니 인터넷 강의라도 들으라며 왕 잔소리를 하고 난 참이다. 이 아이는 독서량과 국어성적이 비례하지 않는다는 것을 보여주는 확실한 표본이고, 이제 고2이기 때문에 더 이상 남독을 방치할 수 없어서 책도 안 사주겠다고 으름장을 놓고 난 참이다. 그런데 아이가 내민 목록을 보니 황당하기도 하고, 대부분 집에 있는 책들이라 손해 볼 것도 없으니, 어쩌나 한번 줘볼까…… 하고 슬그머니 마음이 흔들린다. 대체 어디서 이런 책들을 알아가지고 오는 건지도 궁금하지만 과연 이런 책을 아이가 읽을 수가 있는지도 정말 알고 싶기 때문이다. 가끔 아주 순진해지는 경향이 있는 나는 내 딸이 어떻게든 자기 식으로 읽을 수 있을지도 모른다는 착각이 든다. 지적 허영이 하나도 없이 자라온 탓에 요 모양인 내 주제가 늘상 한탄스러운 터라 은근히 기대까지 된다. 내가 생각해도 못 말리는, 맹목적인 자식 욕심이다.

아이를 믿어야 한다는 게 교육의 원칙이라는데 내 경험에 의하면 꼭 그렇지도 않은 거 같다. 아이를 너무 믿느라 항상 나 자신을 의심하고 주저주저하는 통에 애가 의지할 데가 없어 갈팡질팡인 것처럼 보인다. 망쳤다고 다시 시작할 수도 없는 자식교육! 방학도 다 가고 새 학기가 다가오는데 정신 차리고 참고서나 사다줘야 할까 보다.

이때 한창 이랬는데 그게 어쩌면 성적은 나빠도 다른 아이들과는 수준이 다른 독서력을 과시하고 싶어서였는지도 모른다. 고등학생이 되고 얼마 안 되어 심리학에 관심이 생겼다면서 책을 좀 사달라기에 서점에 데리고 가서 마음에 드는 걸 다 고르라고 한 적이 있다. 아무리 들여다봐도 우리 딸이 읽기에 적합한 심리학 책이 어떤 것일지 알 수 없었던 것이다. 신이 난 아이가 이것저것 고르는 걸 보니 정말 재미없어 보이는 개론서류의 대학 교재부터 무슨 마법에 대한 요상하고도 두꺼운 책까지 무슨 생각으로 사는지 모를 책들이었다. 십 만원이 넘는 돈을 지불하고 나는 고개가 갸우뚱해지고 딸은 콧노래가 나왔었는데 그 책들을 어쨌는지 지금도 의심스럽다.

학교 사물함에 전시용으로 비치하지 않았을까 싶기도 한데, 그때 왜 그 책들이 필요했는지가 이 녀석의 수다에서 밝혀졌다. 엄마, 난 내가 좀 특별한 아이인 줄 알았는데 엄청 평범하더라! 문제 없는 애가 없어. 애들 얘기 들어보니까 별별 문제가 다 있더라. 이러면서도 아이들의 프라이버시를 지키느라 자세한 이야기는 하나도 안 하던 녀석이 심리학책들이 필요했던 속사정이란, 반 친구들의 상담사가 되어버린 것이다. 어쩐 일인지 반 아이들이 자기한테 인생상담을 해오기 시작했는데 듣다 보니 너무 힘든 얘기도 많고 관심도 없어서 심지어 졸릴 지경인데도 아이들은 넌 좋은 상담자라면서 자꾸만 상담신청을 한다나. 신기하게도 내가 처음으로 번역했던 어린이 책인 수지 모건스턴의 『정말 너무해』에 나오는 주인공이랑 똑같은 상황이었다. 동화책 속의 아이가 열 살 남짓이었던 데에 비해서 우리 딸은 자그마치 고등학생이었다는 점이 다르다면 다르다. 그래도 잠시 나는 내 귀를 의심했다. 이 녀석이 소설을 쓰고 있나? 어떻게 동화책에서 본 일이 실제로 자기에게 일어날 수 있는 거지? 이런 류의 일은 이 아이를 키우면서 여러 번 경험했는데 그러고 보면 동화책이 생각 이상으로 아이들에게 영향을 미치는지도 모르겠다.

02

오답
노트

23

카지노 딜러가 될 거야

우리 딸의 장래 희망 중에는 심지어 카지노 딜러도 있었다. 어릴 때도 아니고 중학교 2학년이나 되었던 때라 한편 한심하고 걱정스러웠지만 뭐, 앞으로 '장래'희망을 바꿀 시간은 얼마든지 있으니까 냅뒀다. 그런데, 그 '꿈'은 1년 넘게 지속되고 있었다. 안되겠다 싶어서 슬슬 말리려니까 뭐라고 말해야 할지 난감했다. 직업에는 귀천이 없다고 말하고, 대체로 개방적인 태도를 유지하다가 갑자기 자세를 바꾸지 않고 어떻게 한다? 이 아이의 당시 고민은 다리가 굵다는 것인 점에 착안, 한번 치고 들어가봤다.

"너, 카지노 딜러 하면 다리 더 굵어질지도 몰라."

"왜?"

"하루 종일 서 있어야 되거든."

아이는 내 말을 콧등으로 듣는지 괜찮다고 했다.

"담배연기도 하루 종일 맡아야 될걸."

담배를 무지 싫어하는 이 아이는 그건 좀 생각해볼 문제라고 했다. 내친 김에 월

급도 적을 거라고 했더니 그제서야 눈을 둥그렇게 떴다. 카지노에서 따는 돈, 다 사장이 가져가고 딜러는 월급 받는 거라고 했더니 애가 깜짝 놀랐다.

"말도 안 돼! 그런 게 어딨어!?"

꽤 똑똑해 보이는 내 딸이 그 정도 세상 이치도 모른다는 게 내게는 충격이었다. 그래도 효과는 있었다. 그 뒤로는 서서히 딜러가 되겠다는 생각은 포기하는 것 같았으니까. 그놈의 돈이 뭔지! 요새 애들은 그저 '돈 많이 버는 직업'만 찾는다. 그게 애들 탓만은 아닐 텐데 그래도 짜증이 난다

돌아보면 아이들과 대화를 하기 위해서 아이들이 솔깃할 수 있는 말을 찾아내기 위해서 늘 고민했었다. 사실 카지노 딜러가 되겠다는 꿈이야 저렇게 말대꾸를 해주지 않았어도 금세 포기했을 거고, 저런 장난을 치지 않고 그냥 애 말을 들어주기만 했어도 괜찮은 엄마 노릇이 되었을 것이다. 그런데 난 왜 매사 저렇게 반응했을까? 설마 진짜로 아이가 카지노 딜러가 될까 걱정이 되어서는 아니고, 그저, 애들이랑 통하고 싶었던 거 같다. 아이들에게 '엄마랑은 말이 안 통해!' 이런 느낌을 주고 싶지 않았던 것이다. 그게 얼마나 큰 욕심인지는 지나고 나서야 알았다. 아이와 어른은 근본적으로 다르다. 그래도 어른이 아이보다 나으니, 아이들을 이해하려고 노력하는 것은 맞지만 그렇다고 아이들 속으로 들어가서는 안 되는 것 같다. 아님, 아예 진짜로 아이들과 친구처럼 혹은 대등한 관계로 살아갈 각

오를 단단히 해야 하는 거 같다.

'엄마'는 처음부터 어른이지만 아이들은 자꾸자꾸 자라서 어른이 된다. 나를 포함한 거의 모든 엄마들은 이상하게도, 아니 당연하게도, 그 단순한 사실을 알지 못한다. 좀더 정확히 말하면 대비하지 못한다. 갓난아기에서 성인에 이르는 동안 부모와 자식의 관계란 가히 드라마틱하게 변화한다. 그럼에도 불구하고 좋은 관계가 유지되려면 무언가를 지켜야 한다. 옛날 사람들은 엄부자모(嚴父慈母)라든가, 효도라든가 문제는 많아도 꽤 그럴듯해 보이는 일종의 규칙을 정해놓고 게임을 했다면 요즘은 엄마의 정보력이라든가 아빠의 무관심이라는 시니컬한 농담이나 판을 친다. 아무리 대한민국에서라고 해도 한 세기 전이나 한 세기 후라면 엄마 노릇이 지금처럼 혼란스럽지는 않(았)을지도 모른다. 애는 써서 키웠는데, 스물 넘은 아이들이 여전히 어려 보이는 건 어쩌면 내가 아이들에게 어른이 될 기회를 주지 않았기 때문은 아닐까 반성이 되기도 한다.

24

일편단심 음악가

중학교 때 카지노 딜러가 꿈이던 큰아이, 유치원 땐 일편단심 음악가가 꿈이었다. 유치원 3년 내리. 설상가상으로 내가 봐도 음악에 소질까지 있었다. 유치원 선생 말이, 장래희망 발표하는 시간에도 이 아이는 '음악가'라고 말해서 아이들의 질문을 받았다고 한다. 바이올리니스트나 피아니스트 혹은 작곡가도 아니고 음악가라니 애들이 모를 수밖에. 근데 이 아이, 대답이 걸작이었다고 한다. 꿈꾸는 표정으로 이렇게 말하더란다.

"응, 음악가는 아름다운 소리를 만들어 내는 사람이야!"

선생님은 감탄을 했고 나도 그림책『프레데릭』에 나오는 생쥐가 생각났다. 그렇지만 나는 아이가 기특하기보다는 걱정이 되었다. 당시 우리 집 경제 사정은 음악 레슨은커녕 유치원비도 버거운 지경이었기 때문이다. 그래서 확실한 리얼리스트가 되기로 했다.

"너, 엄마가 보기엔 음악가 되기는 어려울 거 같아."

"왜?"

"너, 벌써 일곱 살이잖아. 유명한 음악가들 얘기 들어봤지? 다섯 살쯤엔 엄청 연주를 잘해서 사람들이 놀라고 그러잖아…… 일곱 살이면 이미 뭔가 되어 있어야 하는 거 아닐까?"

내 말은 내 스스로 생각해도 또 아이에게도 상당히 설득력 있는 거 같았지만 주관이 강한 아이는 쉽게 포기하는 모습을 보여주지 않았다. 나는 한마디 더 해주었다.

"우리 집은 돈 없어서 힘들어. 음악가 되려면 엄청 레슨 많이 받아야 되거든. 게다가 그런 사람들 보면 왜, 엄마들이 매니저 수준으로 따라다니잖아? 너도 알잖아, 엄만 바빠서 안 돼."

이번엔 완전히 이해하는 거 같았다.

이런 얘기를 해주면 사람들은 좀 놀란다. 아이한테 상처가 되지 않았을까 걱정을 하기도 하고 내가 잘못했다고 나무라기도 한다. 그러나 내 생각은 다르다. 아이들은 언제나 '사실'만을 받아들일 뿐이다. 아이들은 우리 집이 부자가 아니라서 자기가 음악가가 되는 데 지장 있겠다, 여기까지만 이해할 뿐, 부자가 아닌 게 어떤지에 대해서는 더 이상 생각하지 않는다. 그걸 아는 나는 아이들에게 인생에 대한 적나라한 '사실'들을 간단하고 건조하게 이야기하곤 했다. 종종. 그랬더니 이 아이 역시 그때그때 '간단'하게 문제를 해결하면서 음악의 끈을 놓지 않았다. '돈'이 문제라고 생각했는지 초등학교 때는 내게 한마디 의논도 없이 떡하니 방과 후 교실에 플루트반을 등록하고 왔다. 어이가 없었지만 아마 아이는 우리 집 형편으로 낼 수 있는 레슨비라고 계산했던 모양이다. 자기 반 누구누구네 아빠가 낙원 상가에서 악기점을 하니, 거기 가서 플루트를 사면 싸게 해준다는 정보까지 알아가지고 왔다. 나는 할 수 없이 플루트를 사주었는데 나중에 들으니 반대표로 학교 무대에 서서 노래도 불렀다고 한다. 아마도 음악을 하려면 엄마 몰래 해야 한다는 생각을 굳혔던 모양이다.

나는 이렇게 기억을 하는데 며칠 전 딸은 딴소리를 했다. 어려서 자기가 무용하고 싶어 했는데 엄마가 우리 집은 가난해서 안 된다고 했다나. 그러고 보니 그랬다. 같은 아파트에 발레하는 애가 있었는데 그게 그렇게 부러웠던 모양이다. 나는 무용은 음악보다 더 안 된다는 강한 편견을 가지고 있었던 때였다. 결국 아이는 '무용'도 하고 말았다. 고등학교 3년 내내 자기 반 '안무'를 맡았고, 대학에 들어가서는 춤 동아리에서 힙합댄스를 췄다. 이제는 여유만 좀 되면 힙합댄스 학원에 다니고 싶다고 한다. 나는 여전히 여유가 안 되길 다행이라고 생각한다. 여전히 편견에서가 아니라, 힙합댄스 학원보다 급한 일이 이 아이에게는 열 가지도 넘어 보이기 때문이다.

25

생일파티

애를 둘이나 키웠는데 생일잔치를 해준 기억이 거의 없다. 애들 생일이 둘 다 겨울방학 중이라서 그렇기도 하지만 다른 애들 보면 그런 경우엔 방학 전에 미리 하던데 우리 애들은 이상하게 그것도 싫다고 했다. 지금 생각하니 내가 잘못한 거 아닌가 싶다. 햄버거, 피자집 못 가게 하고 굳이 집에서 해준다고 하고 노래방에 가지 말고 집이나 아파트 단지 안에서, 잘해야 학교 운동장에 가서 놀라고 했는데, 그게 잘못이었나 보다. '집'에서 아기자기하게 노는 걸 상상했는데 그 역시 외국 동화책에나 나오는 일이었을까. 애들이란 그저 '다른 애들처럼'이 중요한 걸 내가 너무 사소하게 생각했었나 보다.

반성하고 큰아이가 5학년 때 딱 한 번 집에서 생일잔치를 해줬던 기억이 난다. 그때 전학을 했을 때인데 유난히 애들이랑 동네를 휩쓸고 다니는 거 같았다. 아파트와 시장의 중간에 위치한 초등학교는 바로 옆이지만 그 사이에 있던 학교랑 뭔가 달라 보였다. 거기서 거기인 홍제동과 홍은동의 후미진 공립 초등학교인데도 그랬다.

이리저리 들은 것은 많고 막연히 걱정이 되어서 애한테 눈을 대고 있었더니 어쩐지 애도 거칠어지는 거 같고, 도대체 어떤 애들이랑 다니는지 궁금했다. 결국 내가 우겨서 집에서 생일 파티를 했던 거다. 그런데…… 애들은 얌전히 앉아서 나한테 말 몇 마디 '해주고' 쿡쿡거리다가 나가버렸다. 없는 솜씨에 주문하지 않고 집에서 만든다고 만들어서 차린 상인데 뭔가 허탈했다. 근데 교환일기에 남은 기록을 보면, 그 생일잔치를 위해서 우리 딸도 신경을 어지간히 썼었던가 보다.

11월 22일 9시 1분 58초
엄마, 오늘 피곤하셨죠? 제가 속썩혀서. 옛날에는 화내면 엄마가 미워도 우리 엄마가 없다면…… 하는 생각에 좋진 않아도 안미웠는데…… 요즘엔 아무렇지도 않아요. 이럴 때 보면 내가 생각해도 내가 싸가지? 없는 거 같아요. 이거 아세요? 저도 요즘에는 밖에서 욕 쪼끔 써요 〈쓰는 것:씨발, 지랄〉 저도 모르게 입에서 튀어 나와요. 내가 왜 이러지? 요즘에는 내가 생각하기에 내가 사춘기 같아요. 이유는 잘 모르겠고요, 그냥…… 근데 저 생일 27일로 하면 안되요? 안 되면 말고…… 저는요 우선 우리 집에서 점심을 먹고, 노래방에서 1:30분 놀고 밖에서 고무줄 튕기기 패싸움하고 놀려 그러는데, 엄마의 허락이…… 엄마가 돈 주시면 저희가 나가서 노래방 갔다가, 놀께요. 걱정은 하지 마세요. 저희들도 이제 12살이니까 날로 치면 3955일 살았어요. 〈아주 정확함〉. 알았죠? 그리고 메뉴는 햄버거, 스프, 음료수, 과자, 케잌, 감자튀김이에요. 별거 없는 것 같지만 많은 거예요. 협조해주셨으면. 초대인원? 지원, 재현, 도현, 명진, 선혜, 시내, 다미, 우리, 하순, 지선이예요. 저한테는 너무 중요한 일이에요. 27일이 안되면 4일이라도…… 명진이하고 의논을 했는데 할꺼라는 말은 안하고 할 거 같다고 아무한테도 말하지 말라그랬어요. 고민해보세요. 의진올림

그랬다. 이 무렵, 아이는 동생하고 싸우면 말도 험해지고, 밖으로만 나돌려고 하고…… 친구들하고 전화할 때 보면 대화 중에 아무렇지도 않게 욕도 섞어서 하고 있었다. 제 나름대로는 욕을 해야 친구들과 섞일 수 있다고 생각했던 거 같다. 그것도 애들의 사회생활인 줄은 알고 있었지만 걱정을 안 할 수는 없었다. 청소년기에 반항을 시작하면 대책이 없다는데…… 지레 겁을 먹고 존댓말을 하게 하고 교환일기를 쓰게 시켰던 거다. 지금 읽어보니 걱정할 일도 아니었다. 메뉴를 써놓은 걸 보니, 그냥 햄버거 집에 보내줄 걸 그랬다! '엄마'가 있는 집에서 놀기에 애들이 얼마나 불편했을까.

26

레고 갖고 놀았지

큰애가 다섯 살 때, 자기 친구 중에 동생이 없는 애는 자기뿐이었다. 같이 놀아도 뭔가 기우는 것 같고 소외감을 느끼는지 가게에 가서 동생을 사오라는 둥 엉뚱한 소리들을 해댔다. 생각 끝에, 못해주는 것도 참 많은 어미인 내가 아이에게 해줄 수 있는 최고의 선물은 동생이라는 걸 깨달았다. 불임 클리닉까지 드나들며 어렵사리 가진 둘째 덕분에 나는 열 달 내내 무기력한 이상한 형태의 입덧에 시달려야 했다. 입덧이라는 게 잠깐 아무것도 못 먹고 오랫동안 왕성한 식욕을 가지게 되는 건 줄 알았는데 뱃속의 아이도 나름대로 엄마 몸을 통해서 자기주장을 하는 모양이었다. 그 시간을 어떻게 참았나 모르겠다.

큰애는 애대로 기다리는 것이 지루해서 못 견뎠다. 참을 만큼 참았는지 내게 정말 황당한 질문을 했다. "동생이 도대체 엄마 뱃속에서 뭐하는데?" 순발력이나 재치라고는 약에 쓸래도 찾아볼 수 없는 나는 그 순간 참 기발한 대답을 했다. 어디서 나온 능력인지는 모른다. 내게 말을 거는 불만스런 표정의 딸을 보면서 저절로 내 입에서 이런 말이 나왔다.

"넌 뭐했는데?"

원래 단호한 편인 이 아이는 눈썹 하나 깜빡하지 않고 대답했다.

"나? 레고 하고 놀았지!"

"그럼, 그 레고 어쨌어?"

"두고 나왔지, 동생 가지고 놀라고!"

"그럼, 동생이 그 레고 가지고 놀고 있겠네, 뭐!"

다시 생각해도 어이가 없는 대화다. 저 아이 머릿속에 뭐가 들었나 궁금하리만치 아무렇지도 않은 평범한 표정으로 저런 말을 하곤 했던 아이는 초등학생이 되어서도 계속 그랬다. "엄마가 몰라서 그렇지 나, 사실은 마녀야!"

제 방에서 뭘 하다 나오는지 부엌에서 일하는 내게 와서 무슨 대단한 비밀을 알려주듯이 그런 말을 할 때가 초등학교 4학년은 되었던 때 같은데, 그렇게 큰 아이가 그런 말을 한다는 게 가능할까? 그 말을 하던 때, 우리가 살던 집과 아이의 모습을 떠올려보면 3-4학년이 맞는 거 같은데 갑자기 내 기억이 틀리지 않았나 싶다. 그렇지 않고서야 저렇게 이상한 말을 하는 애가 있을 수가 있을까?!

어쨌거나 두 아이는 사이좋게 잘 컸다. 드라마 몇 개 분량은 되는 이야기들이야 어느 형

제간에나 일어나는 거고 한참 클 때까지 둘이 참 잘 지내서 내가 한 일 중에 가장 잘한 일이 애 둘을 낳은 일이 아닐까 생각될 정도였다. 그러던 애들도 스무 살 무렵 티격태격하기 시작했다. 진작에 그랬어야 하는데 다 커서 그러니 예방주사를 안 맞은 나는 어떻게 해야 할지 알 수가 없었다. 짐짓 아들 녀석을 을러보았다.

"야! 넌 애초에 누나에게 주는 선물로 태어난 애야."

아들은 어쩌라고? 하는 얼굴로 날 멀뚱히 쳐다봤다.

"그러니까 누나한테 잘하라고!"

"사람이 선물한테 잘해야지, 선물이 사람한테 잘하는 거 봤어?"

도대체 이 녀석은 언제 이렇게 큰 걸까? 웃을 수밖에 없었지만 커갈수록 매사 스타일이 다른 두 녀석이 짐짓 걱정이었다. 도대체 왜 첫애가 딸이고 둘째가 아들이면 120점이라는 말이 있는지 모르지만 아이들은 둘 이상이 좋고 그것도 동성이라야 어른이 되어서 잘 지내는 것 같다. 사실 아들이 결혼하면 제 누이랑 잘 지내는 집이 거의 없지 않은가. 이 녀석들이라고 예외일까, 은근 걱정이 된다. 요즘 세상에 친척도 별로 없고 부모가 세상 떠나면 딱 둘뿐인데 사이가 좋지 않으면 큰일이다 싶은 내 마음은 아랑곳없이 오늘도 두 녀석은 티격태격한다.

27

초등학교 때 배운 수학

딸아이 담임선생님을 만났다. 한 학기가 다 지나도록 상담 한번 못 가다가 이제야 어찌어찌 시간이 맞아서. 근데 담임선생님이 우리 딸 때문에 교무부장한테 불려가셨단다. 별것 아니고, 성적이 너무 안 나와서…… 내 참! 선생님 말씀이 애가 공부를 통 안 하는데, 공부를 해야 한다는 걸 아직도 잘 모르는 거 같다나. 그게 초등학교 때부터 고등학생인 지금까지 그러는데, 속사정을 알 리 없는 선생님은 아마 현실인식을 조금만 하게 되면 잘할 거라고 하는 거다. 이상게도, 한심하면서도 별로 걱정이 안 되고 웃기는 생각만 났다.

이 아이, 초등학교 4학년 때였다. 그때도 다른 애들은 유치원부터 학습지 하고 난리였는데 아무것도 안 하고 있으니 옆에서 보던 친구가 답답해하면서, 그래도 수학은 4학년부터 어려워지니까 하다못해 문제집이라도 하나 사서 풀게 하라고 시켰다. 나는 고분고분 당장 문제집 한 권을 사줬다. '새로운' 거라 그러는지, 아이는 좋아라 했다. 그러나 역시나 사흘이 못 가서 안 한다는 거다. 어찌되었든 일단 시작한 일을 사흘 만에 관두게 허락한다는 것은 교육적으로 좋지 않은 것 같아서 계속 하라고 해놓고 좀 도와줄까 하고 난생 처음 아이의 수학 문제집을 들여다봤으나 바로 결론이 났다. 좀 어렵긴 어려웠다. 내가 가르치려면 따로 예습이 필요했다. 결국 도와줄 수 없다는 얘기가 된다. 그러니 아이가 하기 싫은 게 당연한 거 같았다. 그래도 엄한 표정을 지어 보이니 엄마 무서워서 다시 방으로 들어간 아이, 조금 있다가 다시 나와서 심각하고 진지하고 골똘한 표정으로, 그것도 깍듯한 존댓말로 이러는 거다.

"엄마는 초등학교 때 배운 수학, 지금 어디에다 쓰세요?"

이번에는 엄한 표정을 유지할 수가 없었다. 웃음이 비어져 나왔기 때문이다. 아홉 살 때 그러던 이 아이는 이제 열아홉이 되어가는데 아직도 그 수준인가 보다. 고등학생인데도 '그 많은 공부들'을 다 해서 뭐하자는 건가, 고민하느라 아직도 그러고 있나 보다. 고3 되면 공부 안 하는 애가 없다니까 두고는 보는데 정말 못 말리는 딸이다!

돌아보면 이 아이 때문에 나는 간간히 학교에 불려갔다. 초등학교 때부터 고등학교 때까지 줄곧 '안 좋은' 일로. 차일피일 미루던 담임선생님과의 '인사'는 대개 그렇게 이루어졌는데 가서 문제의 정황을 들어보면 나는 늘 아이(들)을 이해할 수 있을 것 같았다. 그래도 겉으로는 선생님께 공감해드리고 아이에게는 선을 정해놓고 '훈육'을 한다고 했지만 꾸준히 '제 멋대로' 학생으로 자란 것은 아무래도 내 탓이 큰 것 같다. 안과 겉이 다른 나를 아이가 본능적으로 읽었을 것 같다. 아니, 안으로마저도 혼란스럽고 일관성이 없었던 내 마음을 고스란히 감지했을 것 같다. 그때그때 불안한 채로 나는 할 수 없지, 그것도 다 인생 공부야, 라고 생각하곤 했는데, '성적'과 관계된 공부는 대학을 졸업하는 지금까지도 말썽이다.

무조건 '대기업'에 취직을 하겠다는 이 아이는 대기업에 입사시험을 고려하고 있다. 그게 좋은 일인지 아닌지는 차치하고, 내가 보기에는 수능시험과 다를 것 없는 공부를 해야 하는데 그게 이 아이의 장점과는 거리가 멀고 단점만 부각되는 준비인지라 뜯어말려야 하는 것 같다. 그렇지만 이제는 나도 뭔가 알아졌고, 일관성도 가질 수 있게 된 거 같아서 방관자적 자세를 유지하고 있다. 이제야 이 아이의 엄마로서의 교육방식을 터득했다고 할까.

모의시험을 한번 쳐보고는 말이 안 된다며 짜증을 내면서도 아이는 깨져볼 때까지 포기하지 않을 모양이다. 나쁜 수면습관을 고치겠다고 샌드위치 카페에서 아르바이트까지 해가면서 야박하기 이를 데 없는 '사장님'을 통해서 '무서움'을 경험해가면서, 내가 보기에는 참 엉뚱한 고생을 하고 있다. 그러나 어쩌랴 싶다. 그게 다 자기로서는 '필요한' 과정인가 보다 짐작한다. 아니 공감까지 일어난다. 조금만 일찍 이렇게 제대로(?) 엄마 노릇을 할 수 있었으면 내 자식 인생이 덜 고달팠을 것이다. 처음으로 아이를 키워보는 나나, 첫 아이로 태어난 딸의 운명이다!

28

친구 엄마가 백화점에 가서

저녁에 애들 둘의 밥을 차려주었다. 큰애는 참치통조림과 두부 살 때 사은품으로 준 묵은 김치를 넣고 끓인 엉터리 김치찌개와 계란 프라이에다가 찬밥을 주었고, 작은애는 소시지 살 때 덤으로 준 치즈가 들어간 함박 스테이크를 구워서 양상치 샐러드와 찬밥, 그리고 김치를 주었다. 아무리 잘 봐줘도 맛있는 것도 건강에 좋은 것도 아닌 식단이다. 그래도 아이들은 잘 먹었고 나는 기분이 좋았다. 더구나 큰애랑은 한 시간도 넘게 이야기를 했다. 내 살아온 이야기들, 공부라는 건 어떻게 해야 하며, 세상이란, 삶이란 어떤 건지에 대해서, 내가 아는 만큼. 그러고 보니 작은 애한테는 하지 못할 이야기들이다. 얘기 나눈 효과일까? 친구랑 나가겠다고 고집을 피우던 녀석이 동생이랑 같이 미장원에 가자니 순순히 따라온다. 역시 아이들은 가끔씩 내가 시간과 정열을 자기들에게 쏟는다는 걸 확인시켜줄 필요가 있다. 이제 이 아이가 제 동생에게 그렇게 하는 법을 가르쳐야 할 텐데……

두 아이를 데리고 뒷골목의 미장원에 갔다. 상당히 기다려야 해서 큰애는 만화를 보고, 작은애랑 나는 골목에서 배드민턴을 쳤다. 머리를 자르고 돌아오는 길에 500

원짜리 컵 떡볶이를 사서 작은놈이 다 먹고 큰애랑 나는 맛만 보았다.

이걸 읽으니 이런 때도 있었구나 싶고, 홍제동 뒷골목의 미장원과 떡볶이집과 울퉁불퉁, 꼬불꼬불한 그 신산스런 풍경이 고스란히 기억난다. 십 년도 넘게 일년 내내 마이너스이던 통장에 '잔고'라는 게 생기기 시작하던 시절이었다. 외고 등록금을 감당할 수 있어진 가정 경제에 뿌듯했었던 시절이었다. 아이들에게 특히 큰아이에게 일찍부터 눈에 안 보이는 인생의 진실들에 대해서 많은 이야기를 하곤 했던 것은 그만큼 내게 삶이 부조리하고 고단해 보였기 때문이다. 행복은 거품이나 속임수처럼 보였고 그런 행복을 추구하면서 사는 것이 참으로 속절없어 보였기 때문이다. 삶이라는 걸 무언가 드높은 가치를 향해가는 고단한 여정쯤으로 인식하는 엄마 밑에서 내 아이들은 그야말로 '불편'하게 살았을 것 같다.

이 무렵이었을까, 딸이 친구네 집에 갔다 와서 내게 했던 한마디가 또렷하게 뇌리에 남아있다. "친구 엄마가 백화점에 가서 구두랑 지갑을 사왔더라. 무지 예뻤어. 엄마랑 그런 걸 같이 하는 거 보니까 엄청 부러웠어." 이 아이가 그 정도 말했으면 제 딴에는 용기를 낸 거였을 터이다. 그런데 그때는 그걸 몰랐다. 겨우 플러스로 돌아섰다고는 해도 대출금이 만만찮아서 더 그랬겠지만 도대체 왜 아이들이 백화점에 가서 그런 물건들을 사는 걸 당연하게 생각하는지가 내게는 교육의 과제로 여겨졌었다.

검소와 절약은 인간이 몸에 익혀야 할 덕목임에 틀림없다는 생각에는 변함이 없지만 그래도 지금은 알 것 같다. 그런 말을 하는 마음이 어떤 건지도 알겠고, 그럴 필요가 있겠다는 것도 느낄 수 있다. 도덕과 윤리가 여대생들에게는 명품가방 하나만도 못한 세상이 아닌가 말이다. 형편에 맞게 산다는 게 어떤 건지 가르치는 방식도 달라져야 할 것 같다.

29

사람 마음은 변하는 거야

아침 신문에 형과 동생 사이의 갈등을 다룬 어린이 책 소개가 난 것을 읽다 보니 우리 애들 어렸을 때가 생각난다. 성격상 질투심을 잘 표현 안하는 우리 큰 아이도 가끔 이렇게 묻곤 했다. "동생이 예뻐? 내가 예뻐?" 물론 그 동생도 그렇게 묻곤 했다. 그때마다 나는 각각 은밀하게 그러나 확실하게 "네가 더 예쁘다"고 말해주었었다. 아이들에게 필요한 것은 애정확인이니까. 한두 번은 아이들이 안심했지만 얼마 지나지 않아 이렇게 대꾸했다.

"에이, 전엔 동생이(누나가) 더 예쁘다고 했잖아, 뭐!"

주로 심통이 나서 그러는 건데 나도 물러서지 않았다.

"그거야, 그 순간에는 그랬으니까. 너도 살아봐라. 사람 마음이 항상 똑같나! 평소에는 엄마가 더 좋지만 용돈 줄 때는 아빠가 더 좋잖아?"

너무 자세한 진실을 말한 걸까, 애들은 고개를 갸우뚱하면서도 인정하는 것 같았다. 어법이 이상한 엄마 때문에 어린 나이에 필요 이상의 것을 너무 많이 알아버린 탓일까, 우리 큰애는 어렸을 때 심란한 표정을 잘 지었다. 사진으로 남은 모습들도 그렇지만 유치원 선생님마저도 "재는 늘 무슨 생각을 하고 있는지 모르겠어요", 라고 할 정도로.

작은아이를 키우면서 큰아이한테 미안하다는 생각을 많이 했다. 큰아이는 뭐든 소신대로, 원칙대로, 상식적으로 키우느라 사교육을 안 시킨 것은 물론 밥 먹고 옷 갈아입고 하는 일조차도 너무 어려서부터 혼자 하도록 훈련시켰던 게 약간은 후회도 된다. 아이를 처음 낳아 키우면 누구나 부모가 될 준비가 안 되어 있어서 서투르다. 그런데 둘째가 생기면 부모들은 이미 어느 정도 연습이 되어 있어서 훨씬 너그럽고 잘 베풀 줄 알게 된다. 그래서인지 어느 집이나 대부분 둘째들이 첫째에 비해서 성격이 좋은 편인 것 같다. 사랑을 훨씬 많이 받고 자라는 데다가 태어날 때부터 집에 아이와 아이를 위한 물건들이 있기 때문에 뭔가 좀더 '우호적인 환경'에서 살게 되는 것이다.

애들이 거의 다 자란 지금 가만 보면 둘이 어떻게 저렇게 다를 수 있을까 싶을 때가 많은데 타고난 성향이 다른 탓도 있지만 부모는 같아도 '다른' 환경에서 자란 것도 이유가 아닐까 싶다. 애정이란 참 이상한 거라서, 작은애는 다 커도 애기처럼 무조건 예쁜 반면 별로 신경이 안 쓰인다. 그러니 기대도 없어서 그런지, 뭐든 기특하고 잘하는 거 같다. 좀 쑥스럽고 극성이었던 것 같기도 해서 말하기가 좀 민망하지만 나는 둘째를 불임클리닉까지 다니면서 가졌다. 변명을 하자면 내가 아이를 더 갖고 싶다는 것보다, 큰아이에게 해줄 수 있는 최고의 선물이라고 생각했던 것이다. 그러나 정작 동생을 고대하던 큰아이는 동생을 '키우느라' 너무 힘이 들었던 나머지 오늘날까지도 아기는 싫다, 결혼을 해도 아기는 안 낳는다고 말하지만 둘이 노는 걸 보면 여전히 아이에게 가장 훌륭한 환경은 아이라는 생각이 든다.

이때만 해도 이런 생각을 했었나 보다. 그런데 지금은 큰애를 더 잘 키운 것 같은 생각이 든다. 왜냐하면 적어도 소신과 일관성이 있었으니까. 둘 다 스물이 지난 지금, 큰아이가 훨씬 성숙하다. 물론 둘의 나이 차이가 있지만 큰아이를 지금의 작은아이 나이 때로 필름을 돌려서 생각해봐도 이 판단은 맞는 거 같다. 이렇게 쓰면 아들 기분은 어떨지 모르겠지만 상관없다. '사람 마음은 변하는 거'니까!

30

학원 스트레스

피곤해서 몸을 못 가누던 토요일, 누워있는데도 쉬어지지가 않는다. 축구하고 들어오는 아들 녀석한테 같이 자자고 조르니 학원숙제 해야 한단다. 학원 갈 시간까지는 4시간이나 남았다. 딱 한 시간만 자자고 달래서 포근한 아이를 끼고 같이 잠이 들었다. 얼마 못가서 깬 나는 곤히 자는 애를 두들겨 깨웠다. 야! 숙제해야 된다며! 애는 잠에 취해서 잘 못 일어난다. 하지만 소심한 녀석이라 숙제는 꼭 해가야 된다는 걸 나는 안다. 겨우 깨워놓으니 왜 엄마만 누워 있느냐며 심통이다.

"피로해 죽겠단 말이야."

"나도 피곤하단 말이야."

"네가 뭐하는데 피곤해!?"

"학원 스트레스……"

자기가 말해놓고도 뭔가 근사한 말을 한 듯 뿌듯한 표정이다.

"그래? 그러게 하나 끊자니까……"

아이는 벌떡 일어나서 문제집을 챙기며 이런다.

"에이, 말이 그렇다는 거지."

아이는 숙제하러 거실로 나가고 나는 물이라도 먹으러 부엌으로 가다 보니 소파에 엎드려서 책은 바닥에 놓고 연필 쥔 한 손만 길게 늘어뜨려 문제를 풀고 있다. 나를 보자마자 녀석이 선수를 친다.

"멋~있지?"

"그래, 거의 예술이다!"

기가 막혀서 한마디 해주고 도로 방으로 들어가고 10분이나 지났을까. 모르는 거 빼고 다 했어. 이제 누나한테 물어봐야지. 누나! 누나! 하고 달려간다. 그래, 다섯 살이나 더 먹은 누나가 있으니 참 좋겠다 싶어 나는 안심한다. 그러나 웬걸, 잠시 후에 나가 보니 누나랑 둘이 시시덕거리며 과자를 상자째 앞에 놓고 텔레비전을 보고 있다. 이 녀석이 정말 숙제를 해가기는 해갔을까?

주로 밤에 작업을 하는 나로서는 아침에 애들을 학교에 보내는 것 자체가 너무 힘들었

다. 그래도 적응이 되는지, 긴장이 되는지, 애들이 고등학생쯤 되었을 때는 좀 나았는데 초등학교 때는 일단 애를 깨워놓고는 애 침대에 들어가 누워있었다. 내 방에 가서 자면 애가 안 일어날까 봐. 애 자리에 누워서 아침 먹어라, 옷 갈아입었냐, 늦겠다, 빨리 해라 잔소리 한마디씩 해주면서 비몽사몽 헤매고 있었다. 그러던 어느 날, 아들이 볼멘 소리를 했다.

"엄마는 안 일어나잖아! 얼마나 얄미운지 알아?"

어려서 그랬는지 거의 울 것같이 억울한 얼굴이었다. 참 미안했다.

"그래, 그렇겠다. 미안하네……"

그러고도 나는 일어나지 못하고 아들이 책가방 메고 방을 나가는 것만 확인했었다. 현관문 닫히는 소리를 들으면서 또 미안해하고, 그러면서 졸고…… 그러던 세월이 꿈만 같다. 내가 도대체 어떻게 애를 키웠을까?

31

내 생애 마지막 날

다소 거창한 이 제목은 초등학교 6학년짜리 아들 녀석의 숙제다. 좀 별난 데가 있는 담임선생님이 오늘이 내 생애 마지막 날이라면 무얼 하겠느냐고, 학교에 안 와도 좋으니 하고 싶은 일이 있다면 하라고, 단 계획서를 써서 부모님과 선생님의 사인을 받아야 한다고 하셨다고 한다. 나는 다소 낭만적이고도 진지한 마음으로 물었다.

"그래서 넌 뭐할 건데?"

아이는 아무 망설임도 없이 롯데월드에 간다고 했다. 두 명씩 짝을 지어서 이 숙제를 하도록 되어 있는데(아니, 두 명씩 짝을 지어서 생을 마감하나?), 자기 짝이랑 벌써 이야기가 끝났다면서 인터넷으로 롯데월드에 가는 방법, 입장료, 차비 등등을 찾고 있었다. 화가 났지만 다음 순간 마음을 바꿨다. 그래, 이 아이들이 죽기 전에 실컷 해보고 싶은 게 뭐겠나 싶었다. 먹고 싶은 게 부족해본 적도 없고 엄마 아빠 품도 떠난 나이고 애인이 있을 나이도 아니니 실컷 놀고 싶겠지…… 그렇게 마음을 돌리고 아이가 쓴 계획서를 보니 다시 화가 났다. 글을 아무리 못써도 그렇지, 이건 아니었다.

"야! 이게 무슨 '계획'이야? 뭘 하겠다, 왜 하겠다, 뭐 그런 거 써야 되는 거 아냐?"

겁이 많고 마음이 약한 녀석은 금방 주눅이 들어서 다시 썼다. 롯데 월드에 가고 싶다. 왜냐하면 실컷 놀고 싶기 때문이다. 화가 더 났다.

"야, 놀고 싶으면 다 롯데월드 가냐? 무슨 문제 푸냐? '왜냐하면'은 또 뭐야?"

글을 원래 못 쓰는 아이지만 도저히 6학년 수준으로는 볼 수가 없었다. 전혀 교육적이지 않은 내 태도에도 불구하고 아이는 오로지 롯데월드에 가고 싶은 마음인지 내게 이리저리 물어가며 몇 시간을 걸려서 글을 고쳐왔다. "엄마는 이런 게 직업이야?" 이런 귀여운 소리도 해가면서. 좀 나아졌다. 금세 기특하고도 불쌍한 마음이 되어서 칭찬을 해주었다.

"너, 굉장한 거야. 어른들도 이렇게 참을성 있게 고치기는 힘들어. 이런 끈기 땜에 엄마가 널 믿는 거야. 넌 뭘 해도 잘할 수 있을 거야."

아이는 고개를 수그리고 가만히 듣고 있더니 이렇게 말하는 거였다. "다행이네, 뭐라도 좋은 점이 있으니……" 좀 불쌍했다. 그렇잖아도 자신감이 너무 없는 아이였다.

마침 그때 들어온 큰아이를 잡고 '내 생애 마지막 날' 이야기를 했다. 듣고 난 아이는 "정말? 나 같으면 그렇게 안 쓴다!" 했다. 역시 큰녀석이라 다르다는 생각이 들었다. 그런데 바로 그 순간 이 녀석이 이러는 거다.

"계획서는 그렇게 안 쓰지만 나도 롯데월드 갈 거야."

어이가 없었다.

"왜?"

"실제가 아니잖아. 시간이 공짜로 생기는데 실컷 놀아야지!"

그제야 작은 녀석이 속이 시원한 얼굴로 "맞아!" 하면서 맞장구를 쳤다. 뭔가 완벽해 보였다. 선생님은 아이들이 이렇다는 걸 모르는 걸까?

2004년에 쓴 이 글이 내게만 유난히 재미있는 이유는 2012년인 바로 어제도 똑같은 상황이 연출되었기 때문이다.

정말 인간은 거의 모든 게 정해져서 태어나는 모양이다. 좋은 교육이란 아이들마다 저마다 다르게 타고난 개성과 능력을 잘 파악해서 장점이 단점이 되게 만들지 말고 단점을 장점이라고 가르치지 말아야 하는 거 같다. 교사 혼자서 수십 명의 학생들을 상대해야 하는 제도교육 속에서 이게 잘 안되는 건 당연할 지경이고 '엄마'만큼 자기 자식을 잘 파악할 수 있는 사람도 없을 테니 엄마들은 모름지기 해열제라도 먹어서 교육'열'을 식히고 과연 자기 자식이 어떤 인간인지, 아니 어떤 인간이 될 수 있는지 혹은 되고 싶은지 잘 살펴야 하지 않겠는가.

32

학생답다는 게 무슨 뜻인지 생각해본 적 있어?

큰아이가 식탁에 앉으면서 불쑥 이렇게 물었다.

"엄마는 학생답다는 말이 무슨 뜻인지 생각해본 적 있어?"

나는 괜히 뜨끔한 기분으로 간결하고도 정확하게 형태화된 이 질문을 속으로 되뇌고 있었다. 이 아이는 그게 무슨 뜻이냐고 따지지 않고 엄마는 생각해본 적이 있느냐고 묻고 있다. 내 생각을 존중받은 만큼 대답하기가 훨씬 까다로운 물음이고 아이도 존중해줘야 하는 물음이다. 나는 슬쩍 딴청을 피웠다.

"왜? 그런 것도 숙제니?"

"아아니…… 학교 가면 하도 학생답게 굴라고 하니까……"

"넌 어떻게 생각하는데?"

"난, 학생답다는 건 어른들이 편하려고 만들어낸 말 같아. 학생답게 하라고 하면 다 되잖아. 어른들이 애들을 통제하기 쉽게 만들어낸 말 같아. 학생 입장은 조금도 생각 안하는 말이지 뭐."

딱히 반박할 만한 구석이 없다. 애들도 이렇게 다 알고 있는 거다. 갑자기 하얀 칼라, 까만 교복, 양 갈래로 땋은 6-70년대 여학생 모습이 스쳐갔다. 우리는 바보가 아니라도 '학생다움'을 미덕으로 혹은 칭찬으로 알고 살았었는데…… 과거와 현재를 혼동하지 않기 위하여 노력하며 나는 이렇게 대답하고 말았다.

"네 말이 틀린 건 아닌데, 네 말이 어른들한테 설득력이 있으려면 학생답다는 게 왜 애들 입장에서 말이 안 되는지 구체적인 예를 들어가면서 꼼꼼히 따져서 얘기하는 게 좋아. 그래야 대화가 되지."

내 말도 틀린 데는 없는 거 같다. 그렇지 않은가, 대화를 하면서 짚어봐야 서로의 불만을 이해하고 문제점을 개선할 수 있을 테니까. 그러나 아이는 식탁에서 일어나면서 일없다는 듯이 이렇게 말했다.

"됐어, 그렇게까지 할 생각 없어. 그렇다는 얘기지, 뭐."

속이 상했다. 무시당한 기분이었다. 좀더 정중하거나 진지해도 되는 거 아닐까. 남의 애고, 내 애고 대체로 버릇없는 꼴을 못 보는 편이지만 나는 어쩐지 떳떳하지 못한 기분으로 아이의 등짝만 바라보고 말았다. 마음의 문을 여는 일은 때로 피곤한 일인 거다.

8년 전이던 이때 이 아이는 겨우 고등학교 1학년이었다. 그런데 지금과 어법이 똑같다.

과정에 대해서는 말하지 않고 결론을 내린 다음에만 그것도 간략하게 말하고, 내가 명쾌한 대답을 하지 못하고 뭔가 사고과정을 유추해내려고 하면 단칼에 잘라버리는 습관. 유난히 오자에 민감하고 말이 안 되는 걸 못 참고 속내를 드러내는 걸 싫어하는 딸의 성향은 참으로 오랫동안 나를 힘들게 했다. 그런데 지금은 약간 다른 각도에서 보인다. 무엇보다도 자기 자신이 가장 힘들겠구나, 싶다. 무엇보다도 내가 겪어서 잘 알고 있는 건데도 왜 이제야 거기에 생각이 미치는지!

33

엄마, 가기 싫어?

수학여행을 하루 앞둔 일요일 저녁, 아들 녀석이 설레고 있다. 엄마, 계란 김밥 할 줄 알아? 그거 싸주면 굉장히 고마울 거 같아. 초등학교 마지막이자 단 한번의 수학여행이잖아. 용돈 좀 많이 주면 안 될까? 애들이랑 막 뭐 사먹는단 말이야. 애들 거 뺏어 먹고, 사주고 그런 게 재미지 뭐. 엄마, 나랑 과자 사러 가자, 응? 디카 가져가면 안 돼? 숙제란 말이야, 사진 찍어야 돼! 누나! 누나 옷 입어도 돼? 엄마, 안경 고쳐야 되는데…… 엄마, 운동화 환불, 아직도 안 받았지!

조용한 녀석이 유난히 말이 많다. 늦은 시간이건만 굳이굳이 이마트에 가자고 조른다. 피곤했지만 따라나섰다. 자동차에 오르자 냉큼 뒷좌석에 자리를 잡은 녀석이 몸을 앞으로 쑥 빼서 계기판을 들여다보며 이것저것 묻는다. 말이 점점 빠르다. 그러더니 급기야 이런 질문까지 한다.

"음식 중에서 제일 빨리 상하는 게 뭘까?"

모른다고 대답하는데도 한도가 있지…… 나는 짐짓 생기를 내서 이렇게 말한다.

"야, 넌 그런 걸 엄마가 알 거라고 생각하니?"

장난을 치기는커녕 애는 머쓱해진다. 해놓고 나니 미안하다. 아이는 불안한 거다. 아무 말 안 하고 있는 내가. 드디어 애가 이렇게 묻는다.

"엄마, 가기 싫어?"

아니다, 그게 아니다. 주말 내내 상념과 우울의 늪에서 헤어나지 못한 채로 살림살이를 만지고 있자니 아무 일에도 능률은 전혀 안 오르고 책상 앞에는 앉아볼 틈도 못 내고, 몸은 물 젖은 솜처럼 무거운데도 나는 아무것도 싫다고 하지도 않고 중단하지도 않고 그냥 계속하고 있는 중일 뿐이다.

이 아이는 왜 이렇게 민감한가. 내가 저한테 짜증을 내는 것도 아니고 잔소리를 하는 것도 아니건만 내 기분을 살피고 있었다. 정말 미안했다. 그리고 걱정도 되었다. 애들은 대체로 제 생각만 한다. 그런데 이 녀석은 아주 어렸을 때부터 이런 류의 말들로 나를 놀라게 하곤 했다. 너무도 섬세하고 세심한 이 아이한테는 무한히 베풀고 싶은 마음이 저절로 난다. 그런데도 보채고 조르지 않아서 그런가, 이 녀석에게는 해주는 것이 더 없고, 오히려 아이가 나를 보살피는 지경이다.

주고받는 것은 평등할 수가 없는 것일까. 어떤 사람에게는 주기만 하고 어떤 사람에게는 받기만 한다. 그걸 이제야 안 것은 아니지만 아이와 어른의 관계에서도 그렇다니, 당혹스럽다. 쳐다보기만 해도 행복해지는 아이, 저 아이는 과연 저 혼자도 한 세상 잘 헤쳐나갈 수 있을까? 어른이 되고 나면 자신을 좀더 강인하게 단련시켜주지 않고 사라져버린 부모를 원망하지는 않을까?

참 우울한 날이었나 보다. 하긴 그때는 우울한 날이 많았다. 그것도 정신과 육체가 너무나 피곤하다는 참으로 시시한 이유로. 그러고 보면 비록 병원을 달고 살지만 지금은 아주 건강해진 거다. 여러모로.

엄마란 모름지기 건강해야 하는 건데 아이들이 나 때문에 여러 가지로 많이 참아야 했겠다. 이렇게 세심한 아들, 대학생이 된 지금까지도 섬세하고 정이 많은 건 매 한가지이지만 이런 걱정을 할 필요는 없어 보인다. 우리 식구 중에서 내가 없어도 가장 잘살 사람처럼 보인다. 온 집안의 막내라서 유난히 사랑 받고 큰 탓인지 건전하고 건강하고 안정되어 있다. 아이들은 사랑을 먹고 자란다는 게 맞는 말인가 보다.

34

엄마는 그런 데 관심 없잖아

애들 둘이 다 며칠째 학교에 가지 않는다. 일요일부터 시작해서 부처님 오신 날인 내일까지 나흘을 계속해서 논다. 좋은 생각인 거 같다. 외국에서는 샌드위치 데이니 뽕('다리'라는 뜻의 프랑스어)이니 해서 휴일과 휴일 사이에 끼인 날은 그냥 쉰다. 우리나라도 여유가 생긴 걸까, 아님 우리 애들이 좋은 학교(?)에 다니는 걸까. 거기까진 좋은데 연일 노니까 엄마들이 애들을 데리고 놀러다니나 보다. 작은 녀석 친구 엄마한테 전화가 왔다. 애들 데리고 영화관에 간다고. 나야 고맙다고 할 밖에다. 영화관에 갔다가 실컷 놀고 온 녀석이 그러는데 애들이 열 명에 엄마들이 일곱 명이나 왔단다. 깜짝 놀라는 내게 이 녀석이 한마디 한다.

"엄마는 그런 데 관심 없잖아?"

"그런 데라니, 어떤 데?"

"학교 같은 데……"

기가 막히기도 하고 서운하기도 하다. 공부했는지 확인을 하나, 학교에를 한번 가보나…… 아이 눈으로 보면 틀린 말도 아니겠다. 아이가 어려서 그런가, 하고 고등학생인 큰아이에게 물었다.

"너도 그렇게 생각해?"

철이 들었으니 눈에 보이는 게 다르겠지, 하는 기대를 가지고. 근데 돌아오는 대답이라고는

"몰라~!"

"몰라?"

그랬더니 픽 웃으며 이런다.

"몰라. 정말 모르겠어."

진심인 거 같다. 이번에는 나도 모르겠다. 하지만 뭔가 황당하고 억울하다. 하는 일은 별로 없을지언정 신경은 나름대로 많이 쓰고 있는데 말이다.

그러니까 내가 제대로 못한 거다. 신경을 안 쓰거나 남들처럼 하거나, 혼자 제대로 교육을 하거나 이것도 저것도 아니고 이것과 저것의 문제점들을 죄다 분석하고 앉아 있으니 그 속내를 다 짐작하는 우리 딸이 저런 대답을 했던 거다. 녀석은 역시 어렸을 때라도 눈이 밝았던 거고. 어느 부모라도 자식 교육 앞에서는 약해진다. 아이가 몇이라도 아이에게는 단 한 번뿐인 인생이 아닌가 말이다. 그러니 다들 어쩔 줄 모르는 거고 대부분의 사람들은

모험을 안 하려고 하는 거고, 소수의 사람들만이 '저지르는' 거다. 어떤 경우건 처음부터 끝까지 일관성 있는 자세를 유지하는 것만이 자식에게 도움이 되는 듯하다. 설사 그게 좋지 않은 자세였더라도 그렇다. 스무 살 이후에는 스스로 알아서 부모 교육관의 문제점을 짚어낼 줄도 알고 극복할 줄도 알게 되니까.

우리 애들이 이것도 저것도 아닌 것은 딱 내가 그렇기 때문이다. 이왕 이렇게 된 거, 좋게 생각하는 게 답이다. 장점과 단점은 정말이지 동전의 양면이니까.

35

아들의 자서전

중1짜리 아들이 사회숙제라면서 자서전을 썼다. 읽다 보니 농담할 기분이 아닌데도 웃음이 난다. 내가 애를 지나치게 예뻐하는 건 사실이지만, 아이사랑 때문이 아니라 아이들의 사고방식 자체가 어른에게는 우스운 거 같다. 첫 구절은 물론 탄생에 관한 얘기다. 탄생, 유치원, 초등 시절의 사진을 첨부하게 되어있는 모양으로 다음은 태어났을 때의 사진 설명이다.

> 신생아실에서 곤히 자고 있는 나. 이 사진이 앨범에 있을 때 누나 사진과 함께 있었다. 그래서 엄마가 자연스럽게 누나 사진을 고르면서 "이게 네 사진이다"라고 말했다. 나도 그런 줄 알고 있었는데 이름표를 자세히 보니 "나는 남자입니다!"라고 써있어서 겨우 바꾸었다. 애기들은 정말 하나같이 똑같이 생긴 것 같다.

앞뒤는 좀 안 맞게 썼지만 이게 무슨 말이냐면, 애 둘을 다 같은 병원에서 낳았는데 신생아실에서 사진을 찍어주었다. 근데 나중에 보니 너무 똑같이 생겨서 애 둘이 구별이 안 갔다. 그게 재미있어서 큰애 앨범 첫 장에 작은 애 사진을 같이 붙여놓았는데 역시 또 헷갈린 내가 딸아이 사진을 아들에게 준 것이다. 사진을 붙이려다가 탄생연도가 1988년이라고 하는 통에 사진이 바뀐 것을 알아차렸다. 사회숙제 때문에 사진을 뒤지다 보니 작은아이에게 정말 미안했다. 큰아이 사진은 이걸 다 어떡하나, 싶을 만큼 많고 작은애는 사진이 거의 없었다. 유치원 시절 사진은 유치원에서 기념으로 만들어준 앨범에서 빼내야 했을 정도였다.

이어지는, 태어난 다음 몇 년간에 대한 이야기가 걸작이다.

내가 태어나고 5년 동안은 기억이 없다. 그런데 사진을 보니 다 놀고 있는 사진인 걸 보면 그냥 놀고 먹고 잤나 보다.

다음은 '성당' 유치원 시절 이야기.

이 유치원은 1층이 유치원이고 2층이 성당이다. 그리고 이 유치원을 다니면 의무적으로 일주일에 한번 2층에 가서 미사를 드려야 한다. 그래서 나는 자연스럽게 성당을 다니게 되었다. 하지만 할머니가 원불교를 다니시기 때문에 우리 집은 종교가 확실치 않았다.

원불교는 외할머니, 친할머니는 기독교. 종교가 '확실치 않'은 정도가 아니다!

그다음은 죽어라고 놀던 이야기.

나는 워낙 놀기를 좋아했었다. 그래서 틈만 나면 아이들에게 전화해 맨날 놀았다. 그런데 조금씩 크다 보니 애들이 공부를 하기 시작했다. 그런데도 나는 노는 게 좋아서 애들에게 같이 놀자고 했는데 애들이 공부한다고 해서 못 논 적도 많았다. 모처럼 동네 애들이 거의 다 나와 함께 놀던 어느 날 다 놀고 계단 빨리 올라가기 시합을 하다 넘어져 내 코뼈가 부러지는 바람에 아직까지도 코에 흉터자국이 있다.

그다음은 초등학교를 세 곳이나 다녔다는 얘기를 쓰면서 애가 나한테 물었다.

"엄마, 나 왜 창원 이모 집에 가서 학교 다녔어?"

갑자기 프랑스에서 연구비 준다기에 아무 생각 없이 애를 동생 집으로 '유학' 보내버렸던 때를 말하는 것이다. 3학년 때의 일인데 애들이란 참 신기하다. 난 늘 미안한 마음을 갖고 있었는데(왜냐하면 동생 말에 의하면 이때 애가 주위가 무척 산만하고 성격이 변한 것 같다고 해서) 이렇게 기억도 못하다니……

마지막으로 '현재'의 이야기.

대개 중학교 때는 진로를 정하는 시기라고 하는데, 나는 커서 심리학교수가 되고 싶다. 심리학은 어렵기도 하지만 배우는 것이 무척 재미있을 것 같아서이다. 왜냐하면 내가 몇 주 전에 책을 봤는데, 심리학 실험에 관한 글이 있었다. 그 실험 내용을 보니 매우 흥미로웠다. 요번뿐만 아니라 나는 전부터 심리학에 대해 관심이 많았다. 그래서 아예 진로를 심리학 쪽으로 하고 싶다. 배우면서 재미있을 만큼 좋은 게 따로 없기 때문이다.

웃긴다. 이렇게 건설적으로 써야 점수를 받는다고 생각하는 것일까. 아님 이 아이는 워낙 '바른생활 키드'라 생각이 저절로 이렇게 돌아가는 것일까. 진짜 궁금하다. 여튼 이 글을 통해서 난 이 아이가 심리학을 전공하고 싶다는 걸 처음 알았다. 여기서 문장은 이상하지만 맘에 드는 게 있다. '배우면서 재미있을 만큼 좋은 게 따로 없'다는 말. 어린 나이에 그런 걸 어떻게 알았을까? 하고 싶은 것과 해야 하는 것을 일치시키는 방법을 찾는 것, 그게 '자유롭게' 사는 길이라고 믿고 있는 지금의 내 생각과 똑같다. 내 눈엔 아이의 이 문장이 내 생각의 중1 버전으로 보인다.

이 글을 얼마 전 아들에게 보여줘 봤다. 자기도 잊고 있던 자기 이야기이니 흥미가 있을 수밖에 없었겠지만 아들은 예상했던 것보다 더 관심을 보였다. 그런데 내가 기억하지 못하는 애기를 했다. 이 글, 자기가 쓰기는 했지만 엄마가 의도하는 방향으로 썼다는 것이다. 그러고 보니 그랬겠다. 애들 작문 숙제는 내가 한 번씩 봐줬었는데 절대 손을 안 대준다는 원칙에 충실한 반면 문장은 둘째치고 내용상 말이 안 되는 부분은 끝까지 따져서 묻곤 했는데 그러다 보면 대개는 '엄마 의도대로'가 되었던 모양이다. 제 누나는 그래서 절대로 엄마에게 작문숙제를 보여주지 않았다. 딸은 점수야 어떻든 제 멋대로 얼렁뚱땅 해치우고 노는 것이 좋은 점수 받기 위해서 고치고 또 고치는 것보다 백배는 낫다고 판단하는 쪽이었기 때문이다. 그러나 글은 그래도 엄마가 좀 잘 쓴다고 알고 있는 아들은 자신의 문제점을 고치기 위해서 하루 종일 고치고 또 고치느라 인생이 우울해질 지경이 되어도 끈질기게 물고 늘어졌다. 결국은 괜찮은 (내 마음에 드는) 글이 나오곤 했지만 그게 과연 좋은 점수를 받는 데 도움이 되었는지 아들 글 솜씨가 나아졌는지는 모르겠다.

아니, 아닌 거 같다! 이 녀석은 다 커서도 여전히 글을 잘 못 쓰는 편에 속하니까. 제 누나와는 달리 집에 채이는 게 책이라도 과학과 역사 책이 아니면 통 흥미를 보이지 않는 통에 나도 포기하고 키웠는데 지금 생각하면 좀 더 열심히 아이가 좋아하는 책을 찾아줄 걸 그랬다. 진심으로 후회가 되고 요즘 대학생들이 대체로 그렇다고는 하지만 독서력이 떨어지는 게 걱정이다.

36

성적표와 담배

디자인에 참고하기 위해서 '중학교 성적표'가 필요하게 되었다. 바로 우리 집에 중학생이 있기 때문에 문제가 아니라고 생각했다. 머릿속에 그려진 내가 알고 있는 성적표는 컴퓨터 용지에 푸른 색 칸이 쳐지고 수많은 숫자들이 빼곡……에다가 양 옆으로는 구멍이 빵빵 뚫리고 절취선이 있다. 집에 들어오는 길로 아들 녀석에게 성적표 좀 가져와보라고 했는데, 이게 웬일인가! 한글 프로그램으로 그린 것 같은 도표, 여백이 별로 없는(종이를 아낀 듯한) 칸에 옹색한 숫자들, 사이즈도 달랑, A4 용지를 이리저리 잘라 놓은 모양이다.

아, 그러고 보니 이 녀석 성적표를 본 일이 없다. 그런데 학부모 확인란에 떡 하니 도장은 찍혀있다. 그렇다고 1년이 지난 지금에 와서 따질 수도 없는 일이다. 아니, 따져봐야 내가 손해일 듯했다. 아들 성적표도 한번 보자고 한 일이 없으니 잘해야, 엄마는 공부 같은 거 관심 없잖아! 소리나 들을 판이니 대략 난감했다. 착잡한 상황을 수습 못하고 있는데 딸애가 툭 튀어나오며 엉뚱한 소리를 한다.

"엄마, 나 대학 가서 담배 피면 어쩔 거야?"

"응? 뭐, 어쩌긴 어째…… 너, 담배 싫어하잖아?"

"그래도 피워보고 싶어. 어떤가 궁금해."

"그렇게 궁금하면 피워봐야 하지 않겠냐!"

"근데 아빠가 싫어하지 않을까?"

"싫어하시겠지!"(애 아빠는 담배를 안 피운다.)

이러고 있는데 작은애가 끼어든다.

"주민등록도 나오잖아?"

이 녀석은 주민등록증이 나오면 어른이고 어른이면 뭐든 맘대로 할 수 있다고 생각하는 모양이다. 글쎄…… 딸애가 공공연히 담배를 피우면 어쩌는 게 맞을까? 아, 이 녀석은 별걸 다 가지고 속썩인다. 보통 애들은 부모 몰래 피우는데, 이런 질문을 하다니!

아이들은 본래가 어른들이 쳐놓은 울타리를 넘어가려는 성향이 있다. 지극히 정상이다. 그걸 잘 아는 나는 울타리를 넓게 쳐주려고 애썼다. 너른 울타리 안에서 나름대로 방목이 가능하다고 생각하면서. 그러나 아니었다. 역시 애들은 애들이라서 울타리는 넘어야 직성이 풀리는 모양이었다. 그러니 아무리 울타리를 넓게 쳐도 소용이 없는 거 같다.

아니면 울타리가 너무 넓으니 그 속에서 규모 있게 길을 만들어 가면서 놀 수 있도록 군데군데 기준점을 만들어놓았어야 했을까? 학교에만 가면 아무것도 자율적으로 할 수 없는 아이에게 '네 생각대로' 하라고 했던 건 결과적으로 아이의 사고력을 키우기보다는 인생을 복잡하게 만들었던 것 같다. 남들과 다르다는 것은 역시 공짜가 아니다. 우리 모녀는 각각 많은 대가를 지불해야만 했던 거 같다!

37

피아노, 누가 치는 거예요?

"피아노, 누가 치는 거예요? 어쩜 그렇게 잘 쳐요? 음반 틀어놓은 줄 알았어요!" 엘리베이터에서 만나는 윗집, 앞집, 아랫집 사람들이 내게 말한다. 밤 10시가 넘으면 피아노를 치지 않는 게 예의인 줄은 알지만 밤 10시 이전에는 집에 있는 적이 없고, 하루도 피아노를 치지 않으면 안 되는 우리 딸은 밤 열두 시에도 피아노를 친다. 팔불출인 나는 그들의 칭찬에 저절로 입이 벌어지지만, 늦은 밤에 시끄럽게 굴어서 죄송하다고 공손하게 인사를 한다.

요즘 방학이라 집에 있는 시간이 많은 아이는 한 시간이고 두 시간이고 계속해서 피아노를 친다. 아이가 피아노를 칠 때마다 나는 숙제는 했는지 물을 생각이 싹 없어진다. 아무렴, 숙제를 해가거나 시험성적을 잘 받는 거보다 피아노에 몰두하는 게 인생에 훨씬 도움이 된다는 확실한 판단으로. 애가 어렸을 때는 뭔가의 신념 비슷한 것 때문에 사교육도 안 시키고 그랬지만 이제는 뭐 그런 거보다 인생이 뭔가 통째로 보이면서 웬만한 건 다 시시하게 생각되어서 애들 공부에 더 참견을 못하게 된다.

진지하게 생각해보면 아무래도 잘하는 건 아니다. 교과서를 별로 신뢰하지는 않지만 지식과 교육의 세계가 아주 멋질 수 있다는 건 나도 잘 알고 있다. 그러나 학교도 학원도 믿을 수 없고 내 능력도 신통치 못하다. 그러니 어쩌겠는가……

늘 이런 식이었던 엄마 밑에서 밝고 건강한 딸로 자라기 어려웠던 건 당연하지 않은가, 옛날에 쓴 글들을 읽으면서 요즘의 딸 모습을 떠올리면 이런 생각이 저절로 든다. 그래도 그때는 고등학생밖에 안 되었을 때라서 고민과 방황의 여지가 덜했을 것이다. 무엇이 옳다고 뚜렷하게 일러주지 않고 네 생각은 무엇이냐고 물으면서 키운 아이, 그 질문들의 무게가 얼마나 버거웠을까 싶다. 결국은 밖에 나가면 아무하고도 깊은 얘기를 할 수가 없고 가장 말이 잘 통하는 게 엄마가 되어버린 속사정은 아마 그런 게 아닐까. 기가 센 이 녀석 때문에 키우는 동안 내내 마음 약한 내가 고생을 많이 했지만 결과적으로 내가 더 넓어지고 깊어지기도 한 거 같다. 이래서 자식을 키워봐야 어른이 된다는 말이 있는 건가 보다.

38

엄마, 삼성 이사 연봉이 90억이래

중학생이 된 아들 녀석이 포부만 컸지 교과서도 못 챙기고 책이랑 이불이랑 프린트물들이 뒤섞인 채 3월을 다 보내는 걸 봐주다가 드디어 못 참고 탁상용 플라스틱 책꽂이랑 정리용 파일 그리고 벌써 없어지거나 못 챙겨 받은 교과서를 사러 교보에 갔다. 다 저녁에 둘이서. 그러고 보니 자동차에 태우고 어딘가 갈 때 이 아이와는 대화를 가장 많이 하는 것 같다. 애가 말을 시작한다. "엄마, 삼성 이사 연봉이 90억이래." 말이 안 된다. 짜증부터 나기 시작하지만 돈에 관심이 무척 많은 이 아이, 좀더 자세히 듣고 볼 일이다. 뉴스에서 나온 말이란다. 이렇게 시작한 아이는 출판사 하다가 망할 수도 있지 않은지부터 가장 안정적인 직업은 무엇인지까지 '돈'에 초점을 맞춘 질문을 계속 해댄다. 그러더니 한적한 주택가를 지나면서 급기야 한다는 말이,

"엄마, 엄마는 예쁜 집에서 살고 싶지 않아?"

이 대목 정도에서는 뭔가 확실한 대답을 해줘야 할 것 같았다.

"엄마는 집이란 건 편해야 한다고 생각해. 저런 집에서 살아봐라. 너희들끼리 있는데 엄마가 늦게 들어오는 날은 불안해서 살겠냐? 또 청소는 어떻게 하고? 보일러

라도 고장나봐!"

이만하면 입 다물 줄 알았는데 물질적 풍요를 누리기 위한 아이의 의문은 끝이 없다. 한숨이 난다.

"그래, 넌 이다음에 돈 많이~ 벌어서 좋은 건 다 하고 살아라. 넌 아무래도 그래야 할 모양이다. 난 별로 그런 데 관심 없어."

"왜?"

정말 순진하고 궁금한 아이의 반문이 이어진다. 가난이 오히려 행복의 조건이라는 걸 어떻게 이 아이에게 설명할 것인가? 욕망이란 채워지는 그 순간 물거품이 되어버릴 뿐만 아니라 욕망은 끊임없이 욕망을 낳는다는 걸 그래서 결국 욕망하는 인간이 누리는(?) 것은 결핍뿐이라는 것을, 그런데 욕망이 없으면 적어도 결핍은 없다는 것을. 뭐든 꼬치꼬치 따져야 직성이 풀리는 이 아이에게 이런 어려운 얘기를 대체 어떻게 풀어서 해줄 것인가. 나는 또 왜 아이의 이런 면에 신경질이 나는가.

심호흡이 필요하다. 뭔가를 꾸욱 눌러 참으며 내가 나를 설득했다. 이 아이는 겨우 열세 살, 제 능력으로 부를 누리고 살려면 한 삼십 년은 있어야겠지. 그 사이, 저나 나나 스스로 의견을 바꿀 시간은 충분하다.

90억? 진짜일지도 모른다는 생각이 이제야 든다. 워낙 숫자감각이 없는 나는 누군가의 연봉이 그렇게 많을 수 있다는 상상을 할 수가 없어서 애 말을 안 믿었는데 대기업 임원의 봉급이 수십억이라는 보도는 나도 이제는 들은 적이 있는 거 같다. 아니, 그런데 내 나이 오십이 넘어서야 귀에 들리는 이런 뉴스가 겨우 열세 살짜리 아이에게 입력될 만큼 이 아이는 돈에 관심이 많았던 것일까? 그러고 보니 이 녀석은 지금도 그런다. 어릴 때는 위조지폐는 어떻게 만드는지부터 나라마다 돈이 다른 걸 도대체 어떻게 환산하는지, 엽전 같은 걸 보고는 많은 돈을 무거워서 어떻게 들고 다녔냐는 둥 별별 자세한 질문을 다 하던 아이였다. 한때는 경제학 전공을 시켜야 할까 생각했지만 그것도 아닌 거 같고, 나는 아직도 이 녀석의 돈에 대한 관심이 무엇을 뜻하는지 모른다.

39

친구한테 물어보고

출근 준비하랴, 엉터리나마 식탁은 세 번이나 차리랴, 거기다가 오늘은 도시락까지 싸느라 우왕좌왕하는 아침이다. 방금 학교에 간 작은 녀석이 몇 번씩이나 전화를 한다. 체육복을 오늘까지 사야 하는데 깜빡했으니 엄마가 멀티미디어실에 와서 사 가란다. 그러면서도 멀티미디어실이 몇 시에 문을 여는지 몇 시까지 판매하는지도 모른다. 2교시 후에 연다는 걸 알아내고도 2교시가 끝나면 몇 시인지 또 모른다. 결국 수 차례, 전화와 문자를 주고받은 후에야 내가 어떻게 행동개시를 해야 하는지 알 수 있었는데 녀석의 전화는 매번 "친구한테 물어보고 다시 전화할게!"로 끝났다.

우리 애들은 언제나 이런다. 숙제가 뭐냐고 물어도, 시험을 언제 보냐고 물어도, 대답은 한 가지다. "잠깐만 친구한테 물어보고!" 이러면서 친구한테 전화를 하는 거다. 어이가 없다. 같은 교실에서 멀쩡히 같은 선생님한테 동시에 들었을 텐데 왜 친구는 아는 걸 자기는 몰라야 하는지! 큰 녀석은 워낙 덜렁대서 그런다 쳐도 작은 녀석은 그렇게 안 보이는데, 게다가 제 누나랑 닮은 데가 하나도 없는데도 이 점만은 똑같다. 며칠 전 학원 선생님이 전화를 해서 "휘진이가 보기와 달리 의외로 덜렁대요"라면서 웃던 게 생각난다.

큰애 같으면 이런 일로 나한테 전화하지 않는다. 어떻게든 제가 해결을 한다. 그러나 작은 녀석은 야단을 쳐도 소용이 없다. 할 수 없잖아. 엄마가 와야지…… 이런다. 큰 녀석 같으면 혼나봐야 정신을 차린다며 냅뒀을 텐데 이 녀석은 '엄마'만 믿고 있는 게 은근히 신경이 쓰이고 귀엽기까지 하다. 이러니까 애가 독립적이 되지 못하는 거 아닌가, 싶으면서도 이러는 것도 이제 몇 년이나 남았을까 싶으니 귀찮은 심부름이라도 해주고 싶어진다. 아무래도 난, 애들 문자로 '차별대마왕'인가 보다.

약간 반성이 된다. 작은 녀석이 고3 때였다. 길 가다가 물었다. 무슨 문제가 있으면 엄마한테 혼날까 봐 걱정이 되는 적이 있느냐고. 아들은 태연히 그 반대라고 했다. 엄마가 도와줄 거라고 생각된다고 했다. 아무렇지도 않게 그랬다. 그런데 딸은 달랐다. 별거 아닌 걸로도 엄마한테 혼날까 봐 비밀로 해야 한다고 생각했다. 도대체 혼낼 이유가 없는 걸로도 그랬다. 제 고집대로 하고 싶은 일은 아예 말을 안 하고 저질러놓고 봐서 결국은 나를 화나게 하곤 했다. 대학교 졸업반이 되어가는 딸의 행동으로는 믿기 어려웠다.

어렸을 적부터 이 아이와 어떻게 지냈던가 곰곰 생각해보고는 내가 마음을 바꿨다. 대놓고 잘해주기 시작했다. 처음에는 엄마가 '노력해서' 잘해준다면서 화를 냈다. 그러나 과장 좀 보태면 지성이면 감천이라더니 이제는 달라졌다. 많이 편해진 거 같다. 교육이란 어려운 거라서 때로는 이렇게 엄마로서는 아무렇지도 않게 했던 행동들이 아이들에게는 상처도 되고 차별도 된다.

40

남자(애)들

작은 녀석이 어제 문자를 보냈다. '엄마, 나 머리에 피났어.' 깜짝 놀라서 전화를 하니 안 받는다. 수업시간인가……? '전화 못 받니?' '응.'

문자도 어쩐지 아기 같다. 마음 같아서는 바로 뛰어가고 싶었지만 좌담회를 30분 남겨놓고 있던 터라 이러지도 저러지도 못하고 교무실로 양호실로 전화만 돌리면서도 발걸음은 어린이도서연구회 사무실로 향했다. 사람들과 인사도 제대로 못 나누고 부산스럽게 전화를 걸 수밖에 없었다.

"1학년 중에 체육선생님께서 담임인 반이요…… 입학식 때 사회 보셨는데……"

그러고 보니 담임선생님 성함도, 몇 반인지도 모르고 있었다.

"네, 저인 것 같은데요."

선생님 목소리는 선량했다. 무안하고 미안하고…… '죄송'을 남발하며 사정설명을 했더니 사건을 알고 계셨다. 선생님은 별거 아닐 거라고 막연하게 얘기하면서 이렇게 덧붙였다.

"휘진이가 생긴 모습과는 다르게 한 성깔 하는 거 같아요. 애들하고 싸울 때 보면……"

기가 막혔다. 곱상한 녀석인데 애들하고 싸우다니…… 황당해하는 내게 곁에 있던 어떤 선생님이 그런다. 남자애들은 3-4월에 기싸움 하느라 한창 힘들어한다고. 그제서야 초등학교 때 녀석이 자기 반 1짱이 누구고, 자기는 2짱인가 3짱이라고 하던 기억이 났다. 어른이나 애나 남자들이란!

집에 와서 애한테 물었다.

"야, 니네 반 1짱이 누구야?"

"몰라!"

"넌 몇짱인데?"

"에이 참, 그런 걸 어떻게 알아!"

그러게, 그런 걸 어떻게 아느냔 말이다. 초등학교 때 내가 늘 궁금해하던 게 그거다. "팔씨름을 하냐, 권투 시합이라도 하냐? 1짱, 2짱을 도대체 어떻게 정하는데?" 하고 물어도 알 수 없기는 매한가지였다. 신통한 대답은 못 들어도 늘 서열이 분명하던 초등학교 때와는 또 다른가 보다. 학교폭력 어쩌고가 언뜻 걱정이 된다. 학교에 한번 가봐야 하려나……

정말 이 녀석은 생긴 거랑 다르게 놀았던 거 같다. 동네 자동차에서 무슨 글자를 떼는 일을 주동해서 학부모들 사이에 안 좋은 인상을 남겼던 적도 있다. 어떤 아이 엄마가 전화를 해서는 내가 직장생활하느라고 아이를 제대로 교육하지 못한다는 핀잔을 듣게 만든 적도 있고, 누군가에게 사과 전화를 해야 했던 적도 있는데 어떤 경우건 아들 녀석은 항상 묵묵부답이어서 나는 사건의 전말을 자세히 모르고 뭔가 억울하게 몰리는 기분이었던 때가 많았다. 그럴 때에 따지지 않고 넘어가준 것은 지나치게 비장했던 녀석의 얼굴 표정 때문이었다. 그 얼굴에는 '어른들에게 일일이 말해서 좋을 게 없어'라고 써있는 것 같았다. 게다가 엄마에게 말할 수 밖에 없는 것을 말하지만 좀 미안해한다는 느낌도 있었다.

사내 녀석들이란 딸이랑 달라서 크면서 사고를 친다고 들은 것도 있어서 그 '사고'들의 시작인가 은근히 호기심이 발동했던 것도 사실이다. 모르는 일이기는 해도 아직은 큰 사고는 없이 스무 살이 되었다. 그러나 말도 안되게 고집을 부릴 때 보면 걱정이 된다. 한편으로는 말을 안 했다 뿐이지 저런 게 내 젊은 날의 모습이었나 싶다. 나는 늘 고집이 세다는 소리를 듣곤 했는데 속으로는 늘 억울했다. 그런 소리를 들을 만큼 내 생각을 소리내어 주장해본 적이 없기 때문이다. 나도 애라서 몰랐나 보다, 어른들 눈에는 다 보이는 뭔가를.

41

그 일 어떻게 됐어?

작은 녀석 친구에게『못 믿겠다고?』를 한 권 선물할 생각으로 물어봤었다.

"걔랑 요새 잘 지내니? 애들이 따돌리고 안 그래?"

"응. 그냥." 늘 똑같은 아이의 대답에서는 아무것도 읽어낼 수 없었다. 갑자기 제 누나가 톡 끼어든다. "참, 그 일 어떻게 됐어?"

"뭐, 그냥."

여전히 신통한 데가 하나도 없는 대답이다. 녀석을 쳐다보고 있으려니 한숨도 나고 안심도 된다.

얼마 전 일이다. 낯선 번호가 찍히면서 핸드폰이 울렸다. 받아보니 아들 목소리다.

"어떻게 된 거야? 핸드폰은 누구 거야?"

"엄마, 선생님 바꿔드릴게. 안 좋은 일이야."

이게 무슨 일인지 정신을 차릴 새도 없이 전화를 바꾼 담임선생님이 간단명료하게 설명했다. 우리 아들이 같은 반 친구를 때려서 이가 부러졌단다…… 이제 생각하니 그때의 내 반응은 기가 막히다기보다 어떻게 된 일인지 자세히 알아봐야겠다는 마음이었던 것 같다. 학교로 찾아오라고 하면서 담임선생님은 아이가 그 시간에 같이 있는 게 좋다고 생각하느냐를 물었다. 약간 놀란 나는 그런 건 관심 밖이었다. 글쎄…… 증인이 필요한 일인가……? 갸우뚱했을 뿐이다.

복잡한 마음으로 체육실(담임은 체육교사였다)에 들어가니 아이가 고개를 수그리고 있었다. 상황을 설명한 선생님은 아이에게 어떻게 된 건지 사실대로 이야기하라고 했다. 고개를 푹 숙이고 있던 녀석이 비교적 또렷하게 그러나 너무나 간단하고 감정이 하나도 실리지 않은 목소리로 말했다. 앞에 앉은 친구의 파란색 플러스 펜을 장난으로 뺏어서 도망가는데 그 애가 따라왔고 둘이 티격태격하다가 딱 한 대 때렸는데 이가 조금 부러졌다고. 아이의 말이 끝나자 담임선생님은 훈계를 시작했다.

"내가 너희들한테 항상 얘기했지. 약한 놈을 여럿이서 괴롭히는 건 비겁한 짓이라고. 선생님은 공부 잘하는 것도 필요 없고, 인기 있는 선생님 되는 것도 관심 없어. 약하고 내가 필요한 아이들에게 방패막이 되어주고 싶어. 너, 억울한 거 있니?"

그러나 아이는 "아니오, 없습니다." 하고 분명하고 '남자답게' 말했다. 좀 이상했다. 늘 쭈뼛쭈뼛하는 아이였다. 아이의 대답에 만족한 선생님이 내게 설명을 시작했다. 당신 아들은 공부 잘하고 똑똑하고 친구들한테 인기도 있다. 그러나 맞은 아이는 착하기만 하고 약간 얼뜨고 친구들한테 늘 따돌림을 받는 아이다, 로 시작되는 이야기들…… 내 아들이 남의 아들을 때려서 이가 부러졌다는데 내가 무슨 할 말이 있겠는가. 그저 사죄하고 선생님의 요구대로 다 하겠다고 약속을 드리고 교무실을 나섰다. 아들 녀석은 어느새 자신 없고 쭈뼛거리는 평소의 모습으로 돌아와있었다. 운동장으로 나온 나는 잠시 벤치에 앉아서 아이에게 물었다.

"너, 정말 억울한 거 없니?"

그제서야 아이는 억울하다고 했다. 자기는 오른쪽 옆 이마를 딱 한 대 때렸는데 왼쪽 어금니가 나갔다는 거다. 그게 말이 되냐는 거다. 그제서야 이해가 갔다.

"그런데? 그런데, 왜 네가 했다고 했어?"

아이는 다시 고개를 푹 숙이고 아무 말도 못한다. 답답했다.

"바보야! 사실대로 말을 해야지."

"말했단 말이야. 몇 번이나. 선생님이 쓰라고 그래서 그대로 다 쓰고…… 근데 자꾸만 잘못을 해놓고 인정을 하지 않는 건 남자답지 못한 거라고 선생님이 자꾸 야단치잖아!"

완전히 동화책에 나오는 스토리다. 동화책에서는 이럴 때 아이들이 지혜를 모아서 선생님의 잘못을 깨우친다. 그런데 이건 동화가 아니다. 한숨이 났다. 나는 아이가 왜 그러는지 잘 안다. 시끄러워지는 거 싫고, 일이 커지는 거 싫고, 그냥 자기가 뒤집어쓰면 여러 사람 편하다는 걸 잘 아는 거다. 지나친 책임감은 좋은 게 아니라고 평소에 가르쳤건만 소용이 없다. 그래도 다시 한 번 되풀이할 수밖에 없었다.

"이러고 지나가면 넌 편하겠지만 진짜로 걜 때린 아이한테도, 너네 담임선생님한테도 그건 좋은 일이 아니야. 그리고 넌 억울한 마음 쉽게 잊어버리는 힘도 없잖아! 도대체 너의 그런 태도가 누구한테 좋은 거니?"

아이는 내 말을 알아들었다. 그리고 나는 아이의 마음을 알 것 같았다. 해결책은 아이도 나도 알지 못했다. 그냥 속상하고 연민이 일면서도, 그래, 누구를 해치는 일은 아니니까 넘어가자, 하고 마음을 달랬지만 쉬이 풀어지지 않아 큰아이에게 얘기를 했다. 큰아이는 듣자마자 딱 한마디로 이랬다. "아! 짜증나!! 난, 이런 애가 젤 싫어. 엄마가 뭘 어떻게 할 수 있겠냐고. 얘가 자기 잘못이라고 다 인정을 했는데!" 딸의 말을 듣는 순간 뭔가 산뜻한 기분이 들었다. 맞다. 정말 짜증나는 일인 거다! 똑같은 집에서 똑같은 부모 밑에 자라는 아이들이 대체 왜 이렇게 다른 걸까. 그나저나 맞은 아이에 대한 선생님의 생각과 아이의 생각도 너무 달랐다. 그 애가 정말 그렇게 공부도 못하고 따돌림 당하느냐는 나의 물음에 아이는 이랬다.

"음, 공부는 별로 잘하지 못하지만 아는 게 많고, 나름대로 똑똑한 거 같아. 책도 많이 읽는 거 같아. 애들이 별로 좋아하지는 않는데 왕따는 아니야."

애들은 부모보다 낫고 선생님보다 낫다. 선생님의 고정된 시각을 비껴가는 아이들이 '대부분'일 거라는 거의 확신이 든다.

우리 아들한테 맞은 걸로 이야기가 되었던 그 집에 전화를 걸었었다. 그냥 그랬다. 이가 부러졌다니 치료비라도 물어줘야 할 것 같았고, 그 엄마에게 위로나 사과 같은 것도 해야 할 것 같았다. 그런데 그 엄마 태도가 지금도 잊히지 않는다. 한사코 사양했다. 아니 사양이라기보다는 거절의 느낌이었다. 그럴수록 대화가 필요하다는 생각으로 이번 사건과 관계없이 그냥 애들 키우는 동네 엄마 입장에서 차나 한잔 같이 하자는 내 제안을 그 엄마는 끝끝내 뿌리쳤다. 서운했지만 직감적으로 자기 아들을 보호하려고 한다는 건 느낄 수 있었다. 그 엄마가 되풀이해서 말하는 것은 문제 만들고 싶지 않고 누구의 사과도 받고 싶지 않다. 원하는 것은 단 한 가지, 우리 아들이 다른 애들과 잘 지냈으면 좋겠다, 그거였다.

그 아이…… 지금쯤 어떻게 되었을까? 그 무렵에 같이 놀던 아이들과 우리 아들은 지금도 같이 노는데 이름도 모르는 그 아이의 안부가 궁금하다.

42

공감적 경청

10시도 넘어서 들어온 딸애가 오늘은 웬일로 핸드폰이나 컴퓨터를 붙들지 않고 부엌으로 와서 먹을 것도 찾고 농담도 한다. 국어선생님한테 불려갔다나? 선생님이 "너, 국어성적이 너무 안 나와서 관리 좀 들어가야겠다"고 했단다. 왜 그렇게 공부를 안 하느냐고, 수업 시간에 보면 참 똑똑한 것 같은데, 무슨 문제가 있냐고 물었단다. 거기까지 들은 난 선생님한테 고마운 마음이 마구마구 생기고 있었다. 그런데, 이 아이의 대답이라는 게,

"네…… 요새 좀 힘들어요……"
"그렇구나, 나한테 얘기하면 안 되니?"
"아…… 안 되는 건 아니지만…… 그게…… 좀……"

이랬더니 선생님께서 그럼 편지를 쓰면 답장을 해줄 거고 언제든지 찾아오면 시간을 내어주겠다고 하셨다나. 깜짝 놀라서 왜 그랬냐니까 애는 장난스럽게 웃으면

서, 아무 일도 없으면서 공부 안 했다고 하는 게 좀 그래서 그랬다는 거다. 황당하고 우스웠다. 교육이고 뭐고 진짜 웃긴다고 솔직히 말해주고 한바탕 웃고 나니 아이가 이런저런 얘기들을 한다. 애들이나 어른들이나 사는 게 복잡한 건 매양 한 가지다. 요즘 전혜린 책을 읽고 있는 이 아이가 말을 마치면서 이런다.

"이 사람은 너무 우울한 거 같아. 요새 애들은 너무 경박하고. 모르겠어, 하루 종일 학교 있으면 짜증나서 죽을 거 같아."

그 기분은 이해하고도 남지만 할 말이 없다. 그래도 참으라고 말하기도 그렇고, 그렇다고 학교 다니기 싫다는 걸 맞장구칠 수도 없고…… 겨우 한다는 말이, "기분은 변하는 거니까, 기분이 아닌 '네 생각'이 어떤 건지, 밤에 한 생각이 낮에도 같은지 잘 살펴봐" 했다. 해놓고 좀 걱정했는데 애는 의외로 고개를 끄덕였다. 맞다고, 정말 그렇다고 하면서.

자녀교육 전문가들이나 심리 상담사들은 아이들과의 대화에서 중요한 것은 무엇을 가르쳐주는 게 아니라 공감적 경청이라고 말한다. 나도 당연히 그렇게 생각한다. 그렇게나 당연한 것을 실제 상황에 적응하기란 좀처럼 쉽지가 않다. 꼬마 때부터 청소년기에 이르기까지 나는 아이에게 '사물의 이면과 현상의 배후'에 대해서 너무 많이 말해줬던 거 같다. 아이를 존중한다고 아이들 인식수준에 맞춰서 간결하게 다듬어서 말해주곤 했지만 그렇지 않아도 예민하고 복잡한 아이를 더 복잡해지게 만드는 데에 톡톡히 한몫한 듯하다. 다 키우고 나서야 안 거지만 자식을 강인하게 기른다는 것은 닥치지도 않은 시련에 대비하는 법을 가르치는 게 아닌 거 같다. 결코 아닌 것 같다. 그 정반대로 어떠한 어려움을 당해도 방해물을 만나도 정면대결을 할 수 있도록 아이가 내면의 근육을 단련할 수 있도록 도와줘야 하는 거 같다. 두말할 것도 없이 이해하고 공감하고 존중하는 것이 그 방법일 것이다.

43

어리석음과 실수와 실패

아침에 학교에 간 딸이 문자를 보내왔다. “엄마~ 버스카드 잃어버렸나봐;; 학교에없어ㅠㅠ” 시계를 보니 1교시가 시작되었을 시간이다. 밤에 잠을 잘 자지 못하는 나는 6시에 아이를 깨워서 등교시키는 일에 여전히 서툴다. 겨우 깨워서 콘플레이크와 우유를 식탁에 올려놓고 다시 들어가 누운 내게 교복 차림의 아이가, 버스카드를 학교에 두고 왔으니 차비를 좀 달라며 어디다 뒀는지 나도 모르는 내 지갑까지 찾아서 들고 왔다. 눈에 뜨이는 대로 천 원짜리 두 장에다 백 원짜리 동전 세 개까지 후하게 얹어서 줬다. 버스비가 얼마인지 도대체 생각이 안 나서였는데 아이는 동전은 도로 내 지갑에 두고 갔다. 이상하게도 그 간단한 동작에 나는 아이가 고맙고 미더웠다. 버스카드를 잃어버리는 게 벌써 몇 번째인지 모르는데 화가 안 난다. 야단친다고 고쳐지는 일도 아니고 야단칠 의욕도 없건만 아이는 엄마한테 혼날까 봐 걱정이 되는 것 같다. 앞뒤 안 맞게 어린애 같아서 피식 웃음이 난다.

요즘 부쩍 아침 저녁으로 잠깐씩 보는 딸의 얼굴에서 아이의 흔적을 읽기 어렵다. 나보다 훨씬 단단해 보이는 그 얼굴을 보면서 나는 자꾸 안심을 한다. 공부를 전혀 하지 않는다는 걸 알면서도 "정신차려야지!" 이상의 소리를 잘 하지 못한다. 열여섯 살짜리 딸은 스물여섯은 된 것처럼 대하고, 육학년짜리 아들은 여섯 살짜리처럼 대하면서 결코 내가 '좋은 부모 역할'을 하고 있지 않다는 걸 알지만 무슨 대책이 있겠는가. 내가 인생에 대해서 알고 있는 약간의 것들은 모두 내 어리석음과 실수와 실패의 대가다. 내가 확실하게 아는 게 있다면 그런 정도라서, 나는 내 아이들이 탄탄대로만 걷기를 희망할 수가 없다. 날마다 도돌이표처럼 반복되는 감상들을 견디며 살아내는 내게 반짝반짝하게 말을 걸어오는 아이들을 쳐다보고 있으면 정신이 난다. 그래, 이 아이들은 아직도 애들이고, '된다, 안 된다'를 반복해서 말해줄 엄마가 필요한 거다. 뭐가 잘못되어도 엄마 탓이라고 화풀이할 수 있어야 하는 거다.

이렇게 쓰고 나서 한 6년이 흘렀다. 이제는 이 아이가 진짜로 걸핏하면 "엄마 때문이야!" 이런다. 물론 농담이다. 다 큰 딸이 줄곧 어리광을 하는 걸 보면 마음이 짠하다. 다섯 살(그러니까 만 세 돌이 지난 때였다)짜리 아이를 혼자 양말 신고 가방 들고 놀이방 가라고 하는 나를 보고 친구가 그랬었다. "너, 너무 한 거 아니니? 세상에, 애가 가엽다!" 나는 그게 무슨 말인지 몰랐다. 겨우 다섯 살짜리가 혼자 놀이방에 가고, 심부름도 하는 게 기특하고 자랑스럽기까지 했으니까. 나는 오히려 자꾸자꾸 칭찬을 해주면서 아이가 점점 더 많은 것을 혼자 하게 부추겼었다. 매사 디테일에 약한 나는 어쩌면 아이가 경험했을, 아니 그랬을 것이 분명한 불안과 외로움에 무감했던 게 아주 후회가 된다. 밝고 따뜻하고 안정된 감정을 충분히 경험한 사람일수록 불안과 어둠을 견디는 힘이 크다는 사실을 외로움을 먹고 자란 내가 어떻게 알 수 있었겠는가. 둘째 아이가 생기고 나서야 나는 그것을 깨달았다.

44

난 정말 큰일이야!

토요일인데도 친구들과 모여서 숙제를 한다며 딸은 저녁에야 기어들어 오더니 일요일에도 그 숙제를 계속 하러 나간단다. 숙제를 하는지 모여서 노는지 알 수가 없는 일이다.

"엄마! 외고잖아! 애들 공부 열심히 한다구."
"왜? 너 같은 애도 있잖아!"
"난 정말 큰일이야, 왜 이렇게 느긋한지 모르겠어. 끈기도 없고……"
"야! 넌, 공부 못하면 안 창피하냐?"
"글쎄 말이야, 왜 안 창피하지……?"

어이가 없다. 좀 더 진지할 때는 "대학입시를 왜 1학년부터 준비하느냐, 3학년이 하는 거지" 뭐 이러기도 하고, "애들 노는 거 보면 쟤들이 왜 나보다 공부를 잘해야 하는지 이해할 수 없어!" 이러면서 짜증도 내는데 실실 웃으면서 저러는 거다.

"아무래도 엄마가 널 잘못 키웠나 보다. 공부 못하면 막 혼내고 그래야 되는 건데……"

이번엔 애가 눈을 동그랗게 뜨더니 속사포처럼 이렇게 말한다.

"아냐, 엄마, 그런 애들 장난 아냐! 애들이 엄마를 얼마나 싫어하는지 알아? 조금만 있으면 절대로 엄마랑 안 산대."

"왜?"

"자기 얘기 들어줄 줄도 모르고, 화나면 뭐 사주면 되는 줄 알고, 공부밖에 모르고! 그런 애들 일탈욕구가 엄청 강해. 야자 빼먹자 그러고, 오히려 내가 그러면 어떡하냐고 그런다니까. 걔네들은 괜찮아, 한번쯤 아무것도 아냐, 막 이래. 애들이 맨날 자기 엄마 욕하고 그래……"

그렇기도 할 것 같다. 사춘기 때 부모에게서 벗어나고 싶은 건 자연스런 일이니까.

"그래? 너는 엄마 욕할 때 무슨 말 하는데?"

다 큰 거 같아도 애는 앤지, 갑자기 엄마한테 혼날까 봐 주워섬겼다가 역습을 당하자 말문이 막히는 모양이다.

"응? 뭐…… 아냐, 난 엄마 흉도 못 봐."

"왜?"

"몰라, 애들한테 엄마 이미지가 너무 좋단 말이야."

"불쌍하네…… 그럼 엄마 땜에 스트레스 쌓이는 거 어디 가서 푸냐?"

이쯤 되니 애가 슬슬 피한다.

"몰라, 난 집 밖에 나가면 싹 잊어버려."
제 방으로 기어들어 가는 걸 따라가면서 자꾸 물었더니
"집에 오면 다 생각난단 말이야! 엄마 땜에 힘들어!!"

한창 '지금, 여기'에 사는 아이들의 이야기를 담은 청소년소설을 만드느라고 더더욱 아이들의 어법에 귀를 쫑긋 세우고 있던 시절이었다. 그러다 보니 나는 나이와 관계없이 젊어지고, 애들은 쑥쑥 자라는 중이었다. 언젠가부터 어린이 책을 읽지 않는 사람과 대화가 안 통하기 시작하고 한 술 더 떠서 어린이 책을 둘러싼 사람들하고만 얘기를 하고 살다 보니 나도 모르게 집 안에서 쓰는 언어가 하향 평준화되고 있었나 보다. 애들하고 말이 잘 통하는 건 좋은데 애들 눈에도 다른 어른들 보기에 좀 '창피했'었던 거 같다. 좋은 점도 있었다. 우리 애들뿐만 아니라 우리 애들 친구들하고도 대화가 잘 통하는 편이었으니까.

이제는 우리 집 애들 둘이 다 청소년기마저 벗어나 버렸다. 습관이 되어버린 '애들 언어'를 구사하는 건 나뿐이라 한심하고 유치한 취급을 받고 있다. 대학생 자녀를 둔 부모답게 변신하려고 노력 중이지만 잘 안 된다. 이십여 년 넘게 연습해온 애들 상대역을 옷 갈아입듯 간단하게 정리해버릴 수가 없는 탓이다. 세월 지나고 보니까 '엄마 욕' 하던 그 아이들이 대학도 잘 들어가고 그래서 엄마랑 사이도 좋아지고 아직도 학교 다니고 있는 우리 딸과는 달리 4년 만에 졸업하고 심지어 그 힘들다는 대기업들에 취직까지 해서 직장 잘 다니고 있다는 후문이 있다. 속사정이야 알 도리 없지만 엄마인 나는 그 엄마 입장을 생각해본다. 결과적으로 뿌듯하겠지만 정말 힘들었겠다 싶다. 애를 힘들게 하려면 엄마는 몇 배는 더 힘들어야 하니까.

나는 그런 엄마들에 비하면 애도 덜 힘들고 나도 덜 힘들게 지냈으니 그들을 부러워하면 안 되는 것 같다. 이렇게 덜 힘들고 결과까지 좋으면 힘들게 지낸 수많은 엄마들, 또 아이들은 얼마나 억울하겠는가! '결과'라고 쓰고 보니 정말 그렇다. 인과응보다. 내가 얻은 것은 자식의 명문대학 입학은 아니지만 이 아이와의 소통능력이다. 내게는 그리고 우리 딸에게도 그게 더 중요한 거 같다. 혹시 착각일까?

45

나만 너무 허술하게 하는 거 같아

수학 학원에서 논술 수업이 생긴다면서 애들한테 시간표 조사를 한 모양이다. 하긴, 요새 애들이 시간표가 워낙 복잡해서 같이 놀기도 어렵다. 딴 애들 시간표를 보고 집에 온 아들 녀석이 또 걱정을 한다.

"엄마, 딴 애들 보니까 다들 뭐 많이 하던데 나만 너무 허수룩하게 하는 거 같애."
"뭘?"
"그냥…… "
"그래서, 넌 뭘 하고 싶은데?"
"한자 급수 시험 준비하고 싶고, 워드 프로세서 자격증도 따고 싶어."

이 녀석은 영어와 수학 학원에 다니고 있다. 각각 일 주일에 세 번씩. 내 생각에는 이것도 차고 넘친다. 거의 매일이 아닌가! 제 누나는 6학년 졸업을 할 때에야 영어학원에 처음으로 등록을 해주었었는데. 아이가 이런 걱정을 하는 게 처음은 아니다. 툭하면 무슨 학원에 다니고 싶다, 무슨 과외를 시켜달라, 벌써 몇 년째 조르고 있기 때문에 짜증이 날 대로 난 나는 성의 있게 대답도 하지 않는다. 심지어, "야! 너, 바보야? 학교에서 다 배우는데 왜 학원 가서 또 배워?!" 이러기도 하고…… 근데 이제 슬슬 걱정이 된다. 저렇게 마음이 편치 않은 아이라면, 혼자 놔둬도 신나게 놀지도 못하는 아이라면 공부라도 시켜야 하지 않을까.

큰아이 때는 간단했다. 훨씬 쉬웠다. 2만 원짜리 학습지도 5만 원짜리 교습소도 부담되는 수준이라서 재고의 여지없이 '안 돼!'로 일축했고 단호한 편인 아이는 매번 쉽게 포기했다. 사교육에 대한 신뢰도 워낙 없었지만 좋지도 않은 자질구레한 '교습'들이 총명해 보이는 아이를 망칠 수 있다는 믿음에 한 치의 흔들림이 없었다. 그런데 이 아이는 제 누나와는 영판 다르다. 시험도 보지 않는 초등학교에서 성적이 나쁘다고 걱정을 하지 않나, 중학교 공부에 시시콜콜 관심을 보이지를 않나, 자기에게 부족한 부분이 뭔지를 분석하지 않나…… 신기하기도 하고 왜 저러나 걱정이 되기도 한다. 소심한 아이이기 때문에 맘 편히 살았으면 싶기 때문이다. 걱정이 되면 공부나 열심히 하면 좋을 텐데, 밤낮 학원 타령이다. 애들은 공부란 학원이나 과외를 해야 하는 줄 아는 모양이다. 게다가 다른 애들이 학원에서 학원으로 뱅글뱅글 돌면서 투덜대는 것마저도 부러운 모양이다. 어렸을 때는 일기장에 화요일이 제일 싫다. 화요일에는 학원을 3군데나 가야 한다, 라고 쓰기도 해서 깜짝 놀랐던 적도 있다. 아무 학원도 다니지 않던 시절이었다. 순간 당황하다가, 다음 순간 웃음이 났다. 애들이란, 참!

나는 딸과 아들을 전혀 다르게 교육한 셈이 되었는데 내 탓이라기보다는 아들 탓이다. 이 녀석은 요구가 많은 아이였고, 자기 요구를 들어주지 않으면 혼자서 알아서 잘 지내지를 못했다. 결국은 불쌍해서 아이 마음을 살피게 되었다. 결과적으로 아들은 남들 하는 거 대략 다 하면서 '다른 애들'과 비슷하게 자랐다. 딸은 다 자라고 나서야 엄마가 아들한테만 잘해준다면서 계속 짜증을 내지만 나는 참으로 나이에 안 맞고 철이 없다는 생각보다는 어렸을 때는 애가 왜 저런 마음을 다 참았을까 싶다. 우리 가정의 환경은 20여 년간 다소 드라마틱하게 변화했는데 어떤 순간에 어떤 아이에게 무엇을 해주었느냐는, 그러니까 환경 탓이 컸다고 본다. 나로서는 그런 게 다 자기 '운명'이라는 거 아닐까 싶지만 딸아이는 생각날 때마다 한번씩 '투덜이' 연기를 한다. 나는 무슨 연기를 해야 하나 모르겠다!

46

칭찬이 고래는 춤추게 한다지만

애들 키우면서 내가 아마도 남보다 많이 한 게 있다면 그건 '칭찬'일 거다. 교육원칙이라든가 그런 게 아니고, 별걸 다 모르고 별걸 다 못하는 나로서는 진심으로 애들이 유능해 보일 때가 많기 때문이다. 업어주지 않으면 공간이동도 못하고 떠먹여주지 않으면 혼자서는 밥도 못 먹던 아이들이 언젠가부터 해주지 않고 가르치지 않은 것들을 혼자 하는 것만 봐도 신기한 게 부모 마음이다. 그런데 나처럼 못하는 게 많은 엄마는 유난히 신기하고 뿌듯할 때가 많다. 좀 문제가 있기는 하지만 뭐, 칭찬은 고래도 춤추게 한다니까 나쁠 거 있나 싶었다. 근데 애들이 많이 컸으니까 뭔가 좀 방법이 필요한 거 같다.

큰애가 드디어 공부 고민을 진지하게 시작하는 거 같다. 안 하던 공부를 하려니 문제가 한두 가지가 아닌 모양으로 하라는 공부는 안 하고 부엌에 나와 앉아서 하소연이다. 자기는 집중을 오래 하지 못하는 게 제일 큰일이란다. 내 판단으로는 공부를 시작하기 절대로 빠른 시기가 아니니 문제점 분석 같은 거 할 시간은 없다. 이것저것 따질 거 없이 무조건 공부를 많이 해야 눈감고 풀어도 안 틀려야 준비가 되는 거라는 무식한 수능시험을 볼 수 있을 테니까. 시간이 없으니 성급하게 답을 내줬다. 남들 한 시간 집중할 때 20분밖에 못한다면 20분씩 리듬을 만들거나, 20분마다 과목을 바꾸거나 한꺼번에 여러 가지 공부를 하거나 뭐 그러면 되지 않을까 싶은 생각으로 이렇게 말해줬다.

"그것도 어쩌면 네가 머리가 반짝반짝해서 그런지 몰라. 엄마 같은 사람은 한 가지밖에 모르기 때문에 집중이 저절로 되기는 하는데 얼마나 답답하다고! 너는 능력이 많아서 그런 건지도 모르는데 그 능력에 맞춰서 공부하는 방법을 개발하면 되지 않을까?"

이렇게 칭찬해주면 약이 될 줄 알았다. 근데 애가 짜증을 낸다.

"에이, 그런 게 어딨어?! 엄마는 뭐든지 좋게만 말해!"

역시 '솔직'은 교육에 도움이 안 되는 모양이다. 이 '아이'는 자기를 훈련시켜줄 보다 '강한' 힘이 필요한 거다. 알아도 어쩌랴, 내 능력 밖인걸! 억압이 많던 시절의 아이들(우리들)은 훨씬 강했던 거 같다. 거의 절대권력처럼 군림하던 어른들에 저항하기 위해서는 숨을 깊이 들이마시고 가슴 깊이 칼을 갈아야 했으므로. 이제, 나도 그렇고, 세상도 그렇고, 아이들에게 '어른'이 되어주지 못한다. 이 아이들이 어른이 되면 또 어떨지 모르겠으나 지금은 그렇게 흔들리는 아이들을 지켜보고 이해할 수밖에 없지 않을런지.

이때는 이렇게 생각했다. 두 아이가 다 커버린 지금은 생각이 좀 바뀌었다. 아이들을 지켜준다는 건, 무한공감이 아닌 것 같다. 자식은 스무 살이 넘으면 독립시켜야 한다지 않는가. 세상이 많이 바뀌었어도 그건 맞는 말인 거 같다. 그런데 느닷없는 독립이란 없으므로, 청소년기에는 독립을 위한 발판을 조금씩 만들어야 하는 것이다. 아이도 그리고 부모도. 그래야 부모만 아이를 존중하려 노력하는 게 아니라 아이도 부모를 존중하려고 노력하게 되는 것 같다. 그게 바로 성숙이 아니겠는가.

입시의 터널

03

47

무슨 과에 가지?

여름의 한복판을 지나고 있다. 올해는 시간을 아들의 입시 달력에 맞춰서 계산하게 된다. 수시 원서 접수가 불과 한 달 남았는데 서류 준비도 다 안 되었고, 무슨 과를 지원할지 결정도 못한 상태다. 이게 대체 말이 되는 상황인가 싶어서 다른 애들은 어쩌냐고 물었다가 놀라운 대답을 들었다. 한 반 서른다섯 명 중에 지망학과를 정한 아이는 딱 한 명뿐이라나. 공부 잘하는 애들이 모인 학교니 별생각 없이 있다가 대략 경영학과에 지원하는 식이다.

경영학과 인기가 치솟다 보니 옛날과는 달리 대학마다 경제학과보다 경영학과에 더 우수한 아이들이 몰리고 있다. 그뿐 아니다. 기초학문 분야가 날로 약해지고 소위 철학과니 불문과 독문과 등은 없어지는 웃지 못할 사태가 이어지고 있다. 그 근본적인 이유는 물론 '취업난'이다. 고대생 김예슬 사건으로 폭발했듯이, 대학이 취업준비생들의 전쟁터가 된 지 오래지만 막상 내 아들이 지망학과를 놓고 고민하는 것을 보니 침묵할 수가 없다. 아들에게 잘라 말했다. 대학은 취업을 하기 위해서 가는 곳이 아니라고. 생각해보라. 겨우 대기업에 취업하기 위해서 대학엘 가고, 대학에 가기 위해서 초등학교부터 고등학교까지 0교시부터 심야자율학습까지 공부에 목매달고 사는 게 말이나 되는가. 그리고 그래 봤자 소용이 없다. 죽어라 공부하고 일류대학 경영학과를 나오고 어떠한 스펙으로 무장하고 경쟁해도 취업난은 날로 심해질 것이 분명하다. 일자리가 무더기로 창출되는 새로운 산업이 지구에서는 발명되기 어려워 보이므로. 선진국이 되기 위해서는 직업의 종류가 2만 개는 넘어야 한다고 한다. 프랑스는 직업의 수가 3만 가지에 달한다고 한다. 우리나라는 얼마나 되는지 알 수 없지만 대부분의 젊은이들, 그것도 우수한 인재들의 희망이 대기업 취직이라는 건 아무리 생각해도 어이가 없는 일이다. 창의성 교육한다고 전 사회적 난리를 치고 키운 아이들을 결국 최고 학부에서 통조림으로 포장할 생각을 하다니……!

다행히 아들은 대학에 가면 '공부 열심히' 하겠다고 하고 나는 가능한 공부를 깊고 어렵게 해야 하는 학과로 밀고 있다. 눈앞의 이익이 아니라 저 하늘의 별을 바라보면서 걷고, 불가능한 꿈을 가슴에 품는 젊은이가 되라고 틈만 나면 설교하고 있다. 소박하게 살고, 배운 것을 널리 이롭게 쓸 줄 알고, 경쟁에 내몰려 허덕이지 않는 느긋한 생을 목표로 삼으라고 하고 있다. 과연 21세기 대한민국에서 가능한 주문인지 모르겠다. 그래도 어쩌겠는가, 나는 내 자식에게 내가 알고 있는 것을 가르칠 수밖에 없다. 드디어 아들이 투덜대기 시작했다.

"내가 인문학 공부하고 싶어지는 것은 결국 엄마 아빠 때문인 거 같아. 역시 가정

환경이란 못 말리는 건가 봐……” 인문학 공부가 ‘멋있는 거’라고 생각하면서도 아들은 친구들 대부분이 경영학과를 지망하는 현실 속에서 불안해한다. “나중에 할 거 없으면 어떡하지……? 철학과 간다고 하면 너무 없어 보이나……?”

그러게 말이다. 두고 볼 일이다.

48

개.초.심.

모의고사를 보고 나더니 애가 완전히 달라졌다. **시험 못 봤어.** 딱 다섯 글자 문자 날리더니 하루 종일 친구들이랑 피씨방에서 놀고도 전혀 재미없는 얼굴로 들어온다. 언제나처럼 요가 매트를 깔고 운동을 시작하지만 죽은 듯이 눈 감고 누워있다. 운동이 왜 이렇게 하기 싫은지 모르겠다면서.

그렇게 하룻밤을 자고 일어난 녀석에게 조심스레 말을 걸어보았다.

"할 수 없지 뭐. 그게 네 수능성적이거니 하고 지원전략을 다시 생각해봐."

짜증스런 대답이 곧 돌아온다.

"이번엔 좀 심하게 못 본 거야!"

그럴 수도 있을 것이다. 시험이라는 게 한순간의 실수로 어긋나기도 하는데 어제는 태풍 속에 갇혀서 지각에다가 배 아픈데 약도 못 먹고 시험을 쳤으니…… 그러나 아파서 그런 건 아니라고 고집스레 도리질을 하는 녀석을 보고 있으니 입시 설명회에서 개그맨처럼 웃기던 강사가 생각난다.

"……애들은 이래요. 수학은 실수한 거니까, 맞은 걸로 치고, 언어에서 한 문제만 더 맞아주면…… 이건 가정법이에요. 가정법 두 개 들어가면 바로 소설이 됩니다……"

입시설명회라는 게 저런 건가 싶게 웃다가 왔던 기억이 났다. 그런데 그게 바로 우리 아들 얘기가 될 줄이야. 그렇다고 '소설' 얘기를 할 수도 없고…… 신경치료가 좀 심각하다고 보호자랑 같이 오라고 하는 치과치료 때문에 점심시간 후에 아들을 만났다. 하루 새에 얼굴이 해쓱하다. 무슨 말을 건넬까 고르고 고르다가 시험 얘기 피한다고 했는데 돌아오는 대답은 역시 퉁명하다.

"뭘, 해쓱하기까지! 그냥, 기분이 안 좋아."

안 좋겠지…… 치료 받으러 들어가면서 내게 핸드폰을 건네주는 아들이 치과의자에 드러눕는 걸 보고 있다가 무심히 내 손 안에 남겨진 아들의 낡은 핸드폰 액정화면에 시선을 주었다. 며칠 전까지 화면을 가득 메우고 있던 하늘이 잔잔한 물결이 보이는 강인가, 호수인가로 사진이 바뀌어있다. 그 밑에 쓰인 세 글자.

첨엔 '개조심'인 줄 알고 이건 또 뭐지? 하는 순간 '개. 초. 심'이 들어왔다. '개집중' 해서 문제집을 푼다며 씩씩대던 때는 애가 저렇게 기운 없지 않았더랬다. '개집중' 때문에 나는 웃었었다. 그런데 '개초심' 세 글자는 하나도 우습지가 않았다.

입시생이 저렇게 행복해도 되나 하면서도 내심 뿌듯했었는데 처음으로 애가 가

여웠다. 좋은 학교 안 가도 얼마든지 잘살 수 있는데, 문제는 그게 아니다. 실패의 경험이 한창 예민한 저 나이 아이의 내면에 어떤 모양, 어떤 빛깔로 각인되느냐가 무서운 것이다. 수능시험 하나에 앞으로 창창하게 남은 인생이 달렸다는 건 다시 생각해도, 아무리 생각해도 말이 안 된다. 개. 초. 심. 그런 초심이 내 아들에게 있었나 보다……

49

열심히, 편안하게

"참, 엄마, 나 2학기 회장 됐어."

늦잠 자고 허둥대며 옷 갈아입는 와중에 아들 녀석이 생각난 듯 던지는 말에 나도 모르게 본심이 튀어나갔다.

"아니, 왜 그런 일을 했어!"

"응? 왜?"

"회장 엄마 하는 일 많은 거 몰라? 이제 엄마는 큰일났다."

가볍게 대꾸했는데 녀석은 진지하게 들었는지 항변조의 짧은 대꾸에 진심이 담겼다.

"회장 한번 해보고 싶었어. 그리고 안 할 도리도 없어."

남학생이 열다섯 명인가밖에 안 되는 데다 삼 년 내내 같은 반이라 회장이란 돌아가면서 한 번씩 하는 거고, 전학생인 우리 아들은 고3 막바지에 가서 딱 걸린 거다.

요즘 아이들 공부에 방해된다고 귀찮아하는 회장을 맡은 걸 칭찬해줘야 할 일이건만 내 입장에서는 한 달에 한 번씩 있는 학부모 회의에 멋대로 빠질 수도 없게 되는 데다가 이번 학기에 수시 접수며 수능이 걸려 있으니 시간이 없는 건 둘째고, 혹시라도 민감한 사안들이 있으면 미숙한 내가 제대로 처리하지 못하는 게 아닐까 불안한 것이다. 더 생각해볼 새도 없이, 늦잠 자서 스쿨버스 놓치게 한 죄로 학교까지 태워다줬다. 죽어라 하품을 하면서 돌아오는 길에서야 아들한테 미안한 마음이 들었다. 일생 처음으로 회장이 되었다는데 축하는 못해줄망정 엄마 힘들 거라고 불평부터 늘어놓았으니…… 마음이 여린 이 녀석, 어지간히 엄마 눈치가 보였던 모양이다. 수능시험이 낼모레인데 이러다 큰일나겠다, 너나 나나 정신차리자고 하는 내 말에 평소 같으면 잘해야 고개나 끄덕일 텐데 엉뚱한 대사를 날렸다.

"오늘은 어제와는 다른 마음으로 살아야지."

그뿐 아니다. 갑자기 핸드폰 꺼내서 친구한테 문자를 날리면서 친절하게 코멘트까지 한다. "얘가, 내가 타는 날은 지가 안 타고 지가 타는 날은 내가 안 타거든." 차를 타면 당연히 잠을 청하는 녀석이 오늘은 안내방송까지 한다. "좀 자야겠어. 차 타고 가만있으면 힘들거든……"

어쩌자고 늦잠을 잤는지 모르겠다. 집에서 한 끼 먹는 밥, 수능 때까지 아침 열심히 해먹이자고 결심하고 어젯밤에 장봐다가 이것저것 만들어놓고는 고스란히 굶겨서 보낸 거다. 밤마다 하던 운동도 안 하고 어제는 거실 바닥에 엎드린 채 노래를 흥얼거리면서 "아~! 오늘은 공부 제대로 못했어!" 하던 녀석. 한참을 공부해야 한다고 중얼거리다가 그냥 자버린 녀석. 오늘 아침에 보니 핸드폰 바탕화면이 낯설다. 화면 가득한 하늘 사진 아래 적어놓은 한마디. 열심히, 편안하게.가 눈에 들어 온다. 마음이 짠했다. 늘 편안해 보인다고 생각했는데 그것도 노력인가 보다…… 대한민국 고3처럼만 하면 세상에 못해낼 일이 없을 것 같다는 이 허망한 사실!

50

내신을 망하면 어떻게 돼?

잠을 많이 잔다고 뭔가 해소되는 게 아닌 모양이다. 낮잠도 자고, 아들이 독서실에서 돌아오기도 전에 잠자리에 들었건만 오늘은 6시 10분에 일어났다. 하필 시험 보는 날인데 아침을 굶겨 보내야 하다니 당황스러웠는데 엊저녁에 사다놓은 과일과 빵이 눈에 띄었다. 두유 한 팩, 바나나 한 개와 초코 소라빵 한 개를 지퍼백에 담으며 아들 눈치를 보느라 컴퓨터 앞에 앉아있다. 머리 감고 옷 갈아입느라 왔다 갔다 하던 녀석이 불쑥 묻는다.

"내신을 망하면 도대체 어떻게 돼?"

어젯밤, 자다가 깨서 보니 방문 밖에 불빛이 훤했다. 새벽 3시 반. 큰애가 아직 컴퓨터에 붙어있나 보다 하고 나가봤더니 아들 녀석이 옷 입은 채 방바닥에 엎드려 있었다.

"양치하고 자야지!"

목소리도 크지 않았는데 애는 반짝 고개를 들며 대꾸를 했다.

"했어. 나, 안 자고 공부할 수 있는데 언어는 뭘 해야 할지 모르겠어."

자다 깬 녀석이 불쑥 내뱉는 말이라니…… 아연했지만 불을 끄고 그냥 자라고 말해주었을 뿐이다. 자고 일어나서도 고민은 진행 중인가 보다. 새벽에 하던 질문을 그대로 이어간다.

"언어야 뭐, 공부 안 한다고 못 보겠니? 어쨌든 우리말이잖아. 고전이나 문법 같은 거나 좀 보지? 외워야 하는 거 빼고……"

내가 말을 마치기도 전에 아들이 신경질적인 반응을 보인다.

"내신은 달라. 할 게 얼마나 많은데. 50분 동안 도대체 어떻게 하라는 건지. 300자 요약도 해야 하고……"

아들은 뭔가 화가 난 분위기로 집을 나서며 "오늘은 학교에서 공부하다가 올래. 며칠 쉬니까 긴장이 안 돼." 했다.

중간고사 중이다. 고3 중간고사는 입시에서 차지하는 비중이 크다. 이틀째 시험을 망쳤다면서 영 기분이 안 좋은 아들. 나는 내심, 진짜로 중간고사를 망치고 나면 아예 내신을 포기하자, 한 가지 더 포기하면 좀 낫지 않겠나, 싶다. 그러나 아들은 영 불안한 모양이다. 이런 게 외고의 무한경쟁이란 건지 모르겠다.

주말에 경복고 친구랑 정독 도서관에서 공부할 때는 전화 목소리가 활기차서 내가 다 기운이 날 지경이었다. 친구가 인생에서 너무도 중요한 이 녀석, 처음 전학을 와서는 친구들이 좋아서 날마다 인생이 즐거워 보였다. 심지어 첫 시험을 시작할 때는 공부 열심히 하는 것을 지켜보는 재미도 있었다. 그런데 고3이 되고 모든 게 달라졌다. 친구들 얘기도 얻어들을 수 없어졌고, 성적 스트레스에 얼굴이 어두워졌고, 심지어 전학을 오지 않았더라면 대학진학에 아무런 문제도 없었을 거라는 소리까지 하는 거 보면 내신 스트레스가 이만저만이 아닌 모양이다. 어제는 뜬금없이 이랬다.

"엄마 때랑 지금이랑 고3이 언제가 더 공부를 많이 하는 거 같아?"

"글쎄…… 요새가 훨씬 복잡하기는 해. 우리 땐 단순……"

내가 말을 채 마치기도 전에 이 녀석의 짜증스런 대꾸가 날아온다.

"아니! 언제가 더 많이 하는 거 같냐고!"

살짝 말문이 막히면서 두 가지 생각이 난다. 하나는 공부를 많이 해야 하는 게 화가 나는구나, 또 하나는 지난 금요일에 본 교정지. 아이들에게 논리를 가르치는 거라서 이런 식의 오류에 대해서 따지는 귀여운 그림책이다. 앞의 생각 때문에 마음이 짠하고 뒤의 생각 때문에 웃음이 나지만 나는 비교적 성공적(?)으로 위기를 모면한 거 같다.

"요새는 내신이랑 수능이랑 공부가 다르고 수시랑 정시도 준비가 다르잖아. 우리 땐 그냥 학교 성적 순으로 대학을 갔거든. 그리고 학원이나 과외 같은 거 하는 애들 많지 않았어. 그러니까 너네가 복잡해서 공부할 게 훨씬 많은 거 같다고."

화가 날수록 논리적이 되고 어른스러워 보이는 이 녀석은 요즈음 무기력하다. 대학에 갈 수 없을 거 같다고 생각하는 거 같다. 제 누나는 "대학엘 왜 못 가냐! 어떤 대학에 가느냐가 문제지"라고 받아치지만 한숨처럼 중얼거리며 소파에 벌렁 누워 일어나지 않으려던 아들의 말이 머리속을 맴돈다.

이 세상에 우리나라 고3처럼 공부 많이 해야 되는 나라가 있을까? ……도대체 공부를 왜 이렇게 많이 해야 되는 거지? ……이렇게 공부하고도 성대도 못 간다고? 그럼 뭐 하러 공부하는 거야!

나는 요새 일류대학을 가는 게 중요하지 않은 것 같다는 생각이 든다. 그런데 엄마가 그러면 안 된다고 한다. 이해해주는 것도 좋지만 용기를 주고 자극을 주고 목표를 향해서 나아가도록 밀어주고 이끌어주는 게 '엄마'가 할 일이라고 한다. 그런 것도 같다. 그런데 언제나 아이들 '마음'을 먼저 읽는 나는 그렇게 하기가 힘들다. 그리고 인생을 어떻게 살아야 하는지에 대해서는 진지하게 얘기해줄 수 있을 것 같은 자신이 있다. 그런데 그러면 안 된단다. 나중에 애들이, 엄마가 그때 나를 좀더 밀었어야지, 라고 책망한다고 한다.

하긴 우리 애들도 그런다. 큰애도 고3 되더니 왜 공부 안 하고 노는데 내버려뒀냐면서 엄마 탓을 하고 작은 녀석도 외고 애들은 하나같이 중학교 때부터 공부를 한 거 같다면서 엄마가 나를 야단쳐서라도 공부를 시켰어야 했다고 말한다. 바로 작년까지도 엄마가 나를 내버려둔 건 참 잘한 일이었다고 말하던 녀석이었다. 입시가 무섭긴 무서운가 보다.

51

행복하게 살아야 하지 않겠는가

엊저녁 작업 중인 책 표지디자인 마무리를 하고 늦게 들어왔다. 애들의 귀가시간인 자정까지 한 시간을 남기고 있었다. 피곤에 절어있는 몸을 위해 할 수 있는 일이 무언가 고민하다가 자리 펴고 누웠다. 최대한의 휴식을 위해서. 그런데 아들은 집에 들어오는 기척만 들었고, 일어나 나와보니 딸은 동생이 집에 있는지 없는지 모른다. "어? 동생 자는 거 같은데?" 그러곤 기억에 없다. 내가 어떻게 다시 잤는지.

아침도 먹기 싫다며 말라빠진 토스트 한 쪽 베어먹다 교복 챙겨 입는 아들을 붙들고 말을 붙이니 시큰둥하다.

"뭐 하러 도로 일어났어?"

말은 퉁명스럽지만 엄마 피곤한데 그렇게까지 신경 쓸 거 없다는 뜻일 거다. 매일 고기 해달라고 하던 아이가 갑자기 밥을 안 먹으려고 하고 속도 안 좋다고 하니 먹일 게 없다. 간식도 싸줄 게 없어서 과자랑 사탕 몇 알, 두유와 검은콩을 넣었다. 그러고 보니 며칠째 음식 만드는 일에 신경을 못 썼다. 새로운 걸 먹이고 싶은데, 재주가 없다…… 말 시키기가 어려워 조용히 학교 보내고 나니 논술경시대회가 어찌

되었나 싶어서 얼른 문자를 보내봤다. 예상과 달리 바로 답이 왔다. "못했어" 세 글자의 의미를 충분히 짐작할 수 있었지만 더 말을 시켜봤다. "못하게 됐어. 세 사람밖에 안 돼서." 답문 잘 안하는 애가 즉시즉시 답을 하는 게 고맙다기보다 아연했다. 짜증낼 때보다 더 나쁜 거다. 기가 죽은 거 같다.

슬럼프도 겪고 암울한 터널을 통과하면서 좌절을 하든 극복을 하든 제 나름대로 인생을 터득할 수밖에 없는데, 그래서 이렇게 바보 같은 한국의 고3, 그리고 문제투성인 입시준비 속에서도 아이들은 크는 건데, 결과만이 전부가 아닌데, 정말 그런데, 과연 외고라는 환경에서 그렇게 정상적인 생각을 할 수 있는지 모르겠다.

잠시 마음이 흔들려, 아이들을 유학 보낸 친구를 만나서 얘기를 들어봤다. 합리적인 얘기들을 잔뜩 듣고 돌아와 앉아 나는 전혀 불합리한 결정을 내리는 중이다. 좋은 학교, 좋은 교육. 다시 생각해도 부럽다. 그러나 아무리 생각해도 인생은 공부 이외의 것들에 의해서 지배될 공산이 크다. 행복하게 살아야 하지 않겠는가 말이다. 애도 그리고 나도. 따로 또 같이. 어디서든 길은 있는 것이다. 나쁜 환경 속에서도 좋은 걸 배울 수 있는 것이다. 그런데, 과연, 내 아이들은 나처럼 생각할 수 있을까? 알 수 없다…… 그게 문제다!

52

사흘 공부하고 나흘 헤매고

대한민국 고3짜리들 도대체 어떻게 사는지 모르겠다. 우리 집 고3짜리는 야자+심자(야간 자율학습과 심야자율학습, 그게 그거지만 앞의 것은 밤 10시까지, 뒤의 것은 11시 반까지인가 그렇다)를 하고 집에 돌아오면 자정이 넘는다. 그러고도 컨디션이 괜찮은 날은 조금 놀고 씻고, 심지어 공부를 한다고 덤빌 때도 있다. 이런 날은 말리면 야단맞는다. 엄마가 그래가지고 뭐에 쓰냐고. 하지만 내 생각은 다르다. 고3짜리도 인간인 이상 푹 자야 깨어있는 시간에 공부를 제대로 할 거 아닌가. 엄마 말은 콩으로 메주를 쑨대도 시답잖게 듣는 녀석인지라 잔소리도 소용없다.

새벽 한 시에 팔굽혀펴기며 윗몸 일으키기 한 판씩 해주고 상체가 근육질로 변해가는 걸 흐뭇하게 자랑하며 "몸짱이 될 거야~"를 외치는 아들녀석. 이삼 일에 한 번씩은 파김치가 되어 들어온다. 학교에서 졸다가 기분도 나쁘고 컨디션도 엉망이 되어 돌아오는 것이다. 그러게, 오버하지 않으면 좋으련만 교육도 잔소리도 안 통하고 내가 마음을 비우는 게 낫다. 삼한사온이라더니 이 녀석 공부법도 그런가 보다. 사흘 공부하고 나흘 헤매고, 그러다가 일주일이 간다. 제발 공부하는 주기에 시험이 걸려야 할 텐데……

어제가 바로 헤매는 주기였나 보다. 풀어진 눈으로 들어오는 길로, "피곤해서 죽을 것 같아. 발 닦아줘." 이런다. 웬만하면 들어주는 부탁인데 어제는 나도 피곤해서 죽을 것만 같았다. 애 들어오기 전에 잠자리에 들었다가 문소리 듣고 나와서 인사만 하고 들어가 잘 생각이었다. 그래서 그렇게 했다. 아침에 일어나 보니 아들 녀석 방문 앞에 교복바지가 허물 벗은 것처럼 주저앉아있다. 새벽 5시 40분, 그걸 보고도 짠한 마음 따로, 아침밥 하기 싫은 마음 따로다. 솔직하게 말하면 아침마다, 오늘은 굶고 갔으면, 아니면 저 혼자 콘플레이크 먹고 갔으면 하는 마음이 간절하고, 그다음 순간 너무 미안하다. 몸은 참 신기하다, 잠에 취한 것 같아도 아침을 차리고 간식을 챙기는 동안 말짱하게 깬다.

애를 보내고 다시 잤다. 어지러운 꿈속을 헤매면서. 그러다 전화 소리에 잠이 깨는 순간 나는 밤 열두 시 전에 자고 아침 일곱 시 이후에 일어나는 게 소원이라고 꿈속에서 말하고 있었다. 잠 혹은 꿈의 이쪽저쪽의 경계가 희미하다. 아무도 묻지 않는 소원이고 이룰 수도 없는 소원이다…… 애들은 도대체 힘이 어디서 나오는 걸까.

53

엄만 분명 짤렸을 거야

“엄만 전문직 하기 진짜 잘했어. 비서직이었으면 분명 짤렸을 거야.”

자기소개서 입력해둔 파일을 찾아서 프린트해달라는 아들의 명령을 수행하느라 이리저리 마우스를 클릭하면서 “이상하다?”를 연발하고 있는 내게 아들이 답답한지 한마디 한다. 자기 일이면서도 저는 소파에 벌렁 누워서 나한테 시켜놓고는 큰소리다. 그래도 짜증 안 내고 저렇게 말하는 게 이뻐서 나도 받아칠 여유가 생긴다.

“그러네…… 엄마는 비서가 필요하다니까!”

이때까지만 해도 괜찮았다. 오늘 새벽에 애 학교 보내놓고 잠시 다시 누웠을 때였다. 띠리릭 문자가 온다. 고대 자소서 작년꺼 쓴 거같아. 바뀌었대 —/ ....조금씩 달라. 함 보고 말해줘. /내가 자소서 보고 있는데 뒤에서 본 친구가 다르대서... 함봐줘. 뭐가 다른가.

문자를 주고받고 하다보니 아들도 황당하고 나도 황당하다. 분명 학교 홈피에서 서식을 출력해준 건데 이게 도대체 어떻게 된 일이지? 어쨌거나 내게는 이런 종류의 일이 거의 항상 일어난다. 그래서 웬만하면 서류에 관한 일은 내가 하지 않는 게 최선이다. 아들 녀석에게도 엄마 믿고 원서 쓰면 절대 안 된다고 신신당부를 해두었건만 이렇게 간단한 자가소개서 양식 출력하는 것을 어떻게 틀릴 수 있는지는 나도 알 수 없었다. 내 컴퓨터에 저장된 날짜와 학교 홈페이지에 서식이 올라간 날짜를 비교해봐도 알 수 없기는 마찬가지다. 혹시 하고 연대 홈피에도 들어가봤다. 거기도 또 틀렸다…… 놀라서 서울대에 들어가 보니 그건 내가 저장한 것과 똑같다. 이해가 안된다. 어. 떻. 게. 이. 런. 일. 이. 일. 어. 날. 수. 있. 지? 원서접수를 대체로 엄마들이 해준다는 건 알고 있다. 그러나 내가 하다가는 애가 시험을 아예 못 치게 되는 상황이 발생할까 봐 항상 걱정했었다. 그런데 그보다 걱정해야 할 일이 더 많은지도 모르겠다. 아들에게 미안하고 아들 친구에게 고맙고 원서 쓰는 일 도와준다고 나서지 말아야겠다는 다짐을 다시 하게 되는 아침이다.

54

수시원서 접수를 끝내고

대학들의 수시원서 접수가 끝났다. 서류라면 겁을 먹어서 결국엔 무언가 틀리고 마는 나는 "원서접수는 애들 다 엄마가 해줘!"라는 아들에게 스스로 해야 한다고 단단히 세뇌를 시켰었다. 그런데 막상 그렇게 되지 않았다. 챙길 서류도 많고, 무엇보다도 애들은 학교에 가야 했다! 결국 나는 최선을 다하느라고 했는데 이리저리 실수가 생기고, 그걸 만회하는 방법이 있는지도 몰라서 포기하고 있는데 오늘 학교 게시판에 들어가보니 수정할 수 있는 모양이다. 그나마 뭔가 하나 끝냈다고 뒤풀이 겸 후유증을 앓고 있는 중인데 입학처에 전화라도 해야 할 모양이다.

입시의 달인이라는 어느 고등학교 교사가 수년째 전교생의 80%를 수시로 대학에 보내고 있다고 한다. 그 '달인'의 말에 의하면 전국 대학에서 실시하는 수시전형의 가짓수가 2500개라고 한다. (통계란 참 바보 같은 숫자놀음이다! 한 대학에 대략 10개 정도의 '이름'이 붙은 전형이 있다고 치고 계산하면 간단히 나오는 숫자다. 그러나 대학간 전형들은 이름만 조금씩 다를 뿐 대체로 같거나 아주 유사하다.) 80%의 성공율도 어떤 계산법을 따른 건지 모르겠지만 하여간 대단하다. 그 교사가 재직하는 학교는 1학년 때부터 아이들을 만들어나간다고 한다. 개인별 상담을 통하여 각자에게 맞는 수시전형을 찾고 거기에 맞추어 소위 '스펙'을 만들어나간다는 것이다. '자기소개서'라는 것만 자세히 들여다보아도 정말 그래야 할 것만 같다. 가령,

> 학업능력이나 특기능력을 중심으로 지원 모집단위와 관련하여 어떻게 노력해 왔는지 기술하여 주십시오,

> 자신에게 가장 중요하다고 생각되는 개인적 자질(학업 능력 이외의 성격 또는 재능 등)에 대해 설명하고, 고등학교 기간 중 그 자질을 계발하기 위해 노력한 경험에 대해 기술하십시오.

학교와 학원만 왔다 갔다 하면서 고등학교 시절을 마감하는 대부분의 아이들이, 게다가 막상 원서접수 시기가 다가오면 지망학교는 물론 지원학과가 180도로 달라지는 아이들이 이런 훌륭하고도 근본적인 질문에 도대체 어떤 대답을 할 수 있겠는가. 며칠 안에 지나온 삶을 온통 뒤집어내어 끙끙거리며 아이들은 좌절감에 시달린다. 그런 아이들의 모습을 봐내는 부모들도 힘들기는 마찬가지다. 저런 질문에 대답하기 위해서는, 아니, 자기소개서 같은 게 아니더라도, 저런 문제의식을 가지고 살아야 한다! 그러나 날마다 보는 친구들, 다들 똑같이 준비하고 있는 수능시험, 끝없는 문제풀이, 그런 것들 속에서 저런 생각을 하다가는 낙오자가 될 수밖에 없다.

그러니 저런 전형의 지원자는 저렇게 공부하고 살면 그뿐이라 하겠지만 보통 각오로 할 수 있는 일이 아니다. 애들은 가만두면 대체로 수능시험 준비해서 정시로 대학 가려고 한단다. 아이러니컬하게도 그 이유는 '아무 생각 없이' 그냥 열심히 하면 되기 때문이라나.

얼핏 말만 들어서는 입시 전형이 다양화되어 좋은 것 같지만 자세히 들여다보면 들여다볼수록 말이 안 된다. 그리고 입시가 말이 안 되는 한, 초중고 교육 정상화를 기대하기는 어려운 일이다. 잘 모를 때는 세월 지나면 나아지겠지, 사회가 발전할 텐데 나아지지 않을 수가 있을까, 그렇게 생각을 했었다. 그런데 그게 아니다. 사회가 전혀 발전하지 않고 있는 것이다. 발전은커녕 끔찍한 퇴보를 하고 있는 것이다! 여유있는 환경에서 태어났을 '뿐이고', 엄마 말 잘 듣고 열심히 공부했을 '뿐이고' 무시무시한 경쟁률을 뚫고 명문대에 진학했을 '뿐이고', 남들 하는 대로 스펙 쌓고, 좋은 직장에 다녔을 뿐인 아이들, 혹은 그 반대의 아이들이 부모가 되고 또 학부모가 되었을 때 자신들의 경험치를 벗어나는 어떤 원칙과 기준으로 자식들을 가르칠 수 있을 것인가.

우리 시대는 그래도 부모들이 뭘 모르는 사람들이 절대 다수였고, 명문대 입학생들의 대다수가 같은 지역 혹은 같은 부류의 학교 출신들이 아니었다. 개천에서 간혹 용이 나기도 했었고 아이들은 인간의 도리와 학문과 식견에 대한 이야기들을 귓등으로라도 듣고 자랐었다. 그러나 요즘 꼬마들은 경쟁에서 살아남거나 실패하거나 둘 중 하나일 뿐인 부모들 밑에서 도대체 무슨 말을 듣고 자랄 것인가. 세월이 가면서 세상이 나아지리라는 생각은 이제 전혀 들지 않는다. 비관적, 냉소적이 되어 가는 내게 아들이 말한다. "그래도 우리가 어른이 되면 다를걸?"

녀석은 단순히 자기들이 고대로 어른이 되어서 사회의 주역으로 활동하면 세상이 변할 거란 얘기다. 그랬으면 정말 좋겠고, 그렇게 믿고 싶지만 아이들이 어른이 된다는 것은 도무지 그렇게 간단한 일이 아닌 것이다. 그래도 이런 아이들이 곁에서 자라는 한, 어른들은 희망을 버릴 수가 없다. 그래서 나는 오늘도, 입시 이외에 아무것도 만날 기회가 없는 아이들에게 한 자락 바람을 선사하기 위해 책을 만든다. 언젠가 아이들이 '어느 날 바람을 만났습니다'로 시작하는 제 이야기들을 들려주기를 바라면서.

55

엄마는 깨우는 실력이 없어

매일 아침, 다섯 시 반이면 어김없이 모닝콜이 울린다. 그런데 어제는 너무 말을 많이 한 탓인가, 구두를 신고 오래 걸었던 탓일까 피곤하기만 하고 잠이 잘 오지 않아 아침이 유난히 힘들었다. 아들 녀석은 나보다 한발 먼저 잠들었는데도 아무리 깨워도 안 일어난다. 깨우는 일은 언제나 힘들다. 주물러주고 친절하게 깨우면 잠이 더 오는 거 같고 정신 차리라고 각이 선 목소리를 내면 아침부터 기분이 잡치는 거 같다. 어째야 할지 모르니 애한테 "엄마는 깨우는 실력이 없어" 이런 소리나 듣고, 나는 매일 짜증을 내면서 애를 깨운다. 그러다가 협박을 하기도 한다. "몰라! 니가 알아서 일어나. 엄마도 그냥 잘 거야."

오늘도 그랬다. 6시 반에는 나가야 하고 그전에 머리도 감고 치장도 하셔야 하기에 곧 일어날 거라고 생각하고, 어젯밤에 물에 담궈둔 떡을 멸치 다시물에 끓이고 소고기 볶은 것을 넣고 계란 줄알을 쳐서 상에 내는 데 시간이 얼마나 걸릴까 가늠하면서 이불 속으로 쏙 들어갔다. 하필 그때 잠이 들었던 모양이다. 놀라서 깨보니 다행히 6시다. 스쿨버스를 놓치면 내가 데려다줘야 하는 사태가 발생한다. 애한테

마구 화를 내고 주섬주섬 학교에 가서 먹을 수 있는 빵이랑 과일이랑 쇼핑백에 담는 걸 보면서 화장실로 들어가던 아들도 내게 짜증을 낸다.

"뭘 그렇게 많이 싸!"

"그래? 그럼 이건 넣지 말까?"

포도 몇 알을 씻어서 넣은 밀폐 용기를 흔들어 보이니 슬그머니 "넣든지……" 그러면서 들어가버린다. 서로 화가 난 거다. 그러거나 말거나, 나는 솔직히 말하자면 1분 안에 해결한 아침식사에 만족하며 이불 속으로 들어갔다. 알아서 가겠지…… 그래도 일말의 미안함으로 목소리를 바꿔서 말을 걸어본다.

"오늘도 늦게 와?"

볼멘 대답이 돌아온다.

"낼이 시험인데 늦게 오기는!"

참 그렇다…… 내일 논술시험이다…… 대입에 가장 중요한 시험이 있는 날이구나……

"그래…… 그럼 아예 6시 차 타고 올래?"

"오늘 논술 수업 있는 날이야!"

참, 그렇지…… 방과후 수업……

"어…… 그래…… 잘 다녀와……"

이불 속에 고대로 누운 채 한층 미안한 목소리로 말했지만 녀석은 평소와 달리 친절하지 않다. 대답을 하는 둥 마는 둥 문 닫는 소리가 난다.

평소에는 다녀온다는 인사에 현관에 나가보는데 그러면 또 마뜩찮아한다. 뭘 나와보고 그러냐고, 오버한다고 핀잔주는 분위기. 그러거나 말거나 나는 아침마다 아들이 등교하는 모습을 한 번 본다. 그런데 오늘은 무슨 맘으로 그랬는지 잠이 다 깼는데도 이불 속에 꼼짝않고 누워만 있었다.

그렇게 아들을 보내놓고, 100일 기도를 하러 다니는 엄마들, 미역국이며 죽도 안 먹이는 것은 물론 본인이 일체의 음주가무도 금한다는 엄마들, 엄마들…… '엄마들'을 떠올렸다. 이해가 갔다. 기도하는 그 마음이. 그렇게 마음이 이해를 하는 동안 몸은 거짓말처럼 잠 속으로 빠져들었다. 눈을 떠보니 여덟시가 넘었다. 라디오에서 흘러나오는 바흐의 음악을 배경으로 커피를 끓이고 어제 빵집에서 선물받은 맛나 보이는 빵 하나로 혼자 성찬을 차려놓고 서늘한 햇살을 바라보았다. 가을이구나. 내일은 우리 아들 본고사구나. 시간이 어중간한데 무얼 먹일까? 하루 전에 그것도 배부른 아이에게 낼 아침에 무얼 먹겠냐고 물어보는 어리석음을 잘 범하는 나는 낼 브런치로 몇 가지 메뉴를 준비해놓고 아침 기분에 따라 먹겠다는 걸 주는 호사로 '특별한 분위기'를 연출해볼까 생각중이다.

56

팬케이크 굽는 냄새

고대 수시 1차 면접대상자 발표가 있는 날이다. 하필 컨디션 최악이다. 이틀째 천식발작으로 새벽잠을 설친 탓인지 이번 달 안에 줄줄이 예정되어 있는 대외적인 일들 때문인지 신경은 곤두서고 몸은 녹초가 되고 얼굴은 찌그러졌다. 소신지원을 했지만 워낙 안 좋은 소문들만 들어서 기대는 안 하고 있었는데 발표시간이 다가오자 몸은 더 피곤하고 아무 일도 할 수 없었다. 그러다가 5시 정각에 홈페이지에 접속하고 아들의 이름과 주민번호를 치는데 잠시 아득했다. 키보드를 덮은 반투명 비닐 때문에 숫자가 잘 보이지 않아 한 자 한 자 키판을 쓰다듬듯 두드려넣고 엔터 키를 치기 전에 잠시 멎었다. 이 녀석을 어떻게 위로할 것인가. 순간적으로 마음이 백지가 되었다.

그런데 뜻밖에도 "축하합니다. 1단계 전형에 합격하셨습니다"라고 뜨는 게 아닌가…… 한 시간 전에 아들에게서 문자가 왔었다. '발표나면문자좀보내주셈ㅋㅋ' 가장 먼저 아들에게 연락을 했다. 이모티콘 하나 섞지 않고. 달랑 '합격' 두 글자. 남편에게 알렸지만 덤덤하다. 아들에게 전화를 해보니 당황스러운 모양이다. 될 것 같았던 친구가 안 되고 반신반의하던 자기가 된 이 상황에 어떻게 처신해야 할지 모르겠다며. 이상했다. 많이 기다리던 소식인데 아무도 크게 기뻐하지 않았다. '표현'이란 그런 걸까.

어수선한 집에 들어와 설겆이도 못하고 더운 야채 한 접시 먹은 다음 컴퓨터 앞에 앉았다. 누가 뭐래도 나는 이렇게 글을 만지고 있어야 마음이 안정되는 것이다. 이제, 설거지를 하고 장을 보고, 아들이 오는 시간에 맞춰서 팬케이크라도 구워놓아야겠다. 인터넷에서 보고 20분 안에 구울 수 있는 간단한 레시피를 따라 구워줬던 말랑하고 얄팍하고 따끈한 그 케이크를 아들이 참 좋아했는데 한동안 해주지 못했다. 집에 들어오는 시간을 잘 확인해야겠다. 현관문을 열고 들어서는 순간 집 안에 퍼진 그 냄새를 맡을 수 있도록. 오랜 시간을 잘도 견뎌온 아들의 첫 번째 좋은 소식을 축하하는 내 나름의 방식이다.

57

불합격 통보들

이틀 연거푸 나쁜 소식이다. 어제 연대에 떨어지고 오늘은 고대에 떨어졌다. 은근히 자신있어하다가 떨어져서 충격이 클 것 같았는데 전화로 소식을 전하는 아들은 기운찬 목소리였다. 합격한 친구가 한턱 쏘는데 일단 좀 먹겠다며 전화를 끊었다. 다행이라고 생각하고 있었는데 밤에 얼굴을 보니 좀 안 좋은 거 같다. 얼굴색이 창백해지고 친구들 얘기, 합격률이 절반으로 떨어진 외고들 사정 얘기 등등 입에서 나오는 소리는 다 입시에 관한 얘기다.

저 녀석이 저렇게 말을 많이 할 때는 엄마랑 생각을 나누는 게 필요하다는 뜻이다. 한참 만에 아들 입에서 나온 질문은 낼 모레 서강대 면접을 볼까, 말까였다. 성균관대 면접은 간단히 넘겨버리더니 이제 겁이 나긴 나는 모양이다. 학벌이 중요하지? 재수는 못할 거 같아, 난 대학에 가도 공부 열심히 할 거니까 뭐, 이렇게 시작한 이런저런 말, 말들…… 글쎄, 어디든 자기를 받아주는 대학에 들어가서 열심히 공부하는 것도 좋고, 꼭 가고 싶은 대학이 있다면 재도전해보는 것도 나쁘지 않다. 그렇지만 섣불리 어떤 말도 할 수 없었다. 아들이 조금 전에 보냈던 문자를 떠올렸다.

'열한시십오분쯤데리러와줄수있어?서강대얘기도좀해야되고해서'

메시지를 확인함과 동시에 자동차 키를 들고 한밤의 올림픽대로를 달려가 아들을 태우고 오는 참이었다. 아들 말이 끊어지는 중간중간, 내가 나서서 뭐라고 떠들었는지 모르겠다. 오늘 아침에는 영양밥을 해먹였다. 외할머니가 볶아서 얼려주신 전복, 장조림으로 만들어주신 송이, 까서 잔잔하게 썰어주신 밤, 은행을 넣고 밥을 지었다. 잘해주고 싶다는 마음을 표시하기 위해서 그랬는데 그거야 순전히 내 마음이고 애는 밥 안 넘어갈 거 같다고 했다. 그래도 살살 달래서 먹였다. 간단한 계란탕까지 끓여서. 착한 녀석이 와서 먹어줬다. 그리고 숟가락을 놓으면서 이런다.

"아침에는 맨날 이 정도만 줘."

특별한 밥이라 보통 때보다 살짝 많은 양을 준 걸 모르는 거 보니 맛이 괜찮았나 보다. 그동안 아침밥을 정성껏 차려주지 못한 게 미안했다. 고3이 되면서는 내가 해줄 수 있는 건 밥뿐이라는 생각에 아침식사를 '밥'으로 바꾼다고 선언했지만 정작 일주일에 두어 번이나 밥을 먹였는지 모르겠고 그나마 맛있게(?) 차려준 적보다는 대강 차려준 적이 더 많았다. 그러면서도 오늘부터는 그 밥상에서도 해방될 줄 알았다. 합격되고 나면 녀석은 공부를 때려치울 계획이었고 나는 늦잠 자고 아침밥 안 하는 게 계획이었던 것이다.

그런 생각 자체가 교만이었던 모양이다. 그래도 차마 그런 말은 못했다. 고대 입학처 홈피에 다시 들어가 서성이는 아들에게 한마디 해주었다.

“‘죄송합니다, 합격자 명단에 없습니다’ 그렇게 뜨는 거 보니까…… 기분이 그렇더라…… 그치? 진짜로 다 떨어진다는 생각은 안 해봤는데……”

그냥 괜찮다고 말해서는 아들에게 위로가 될 것 같지 않았다. 그제서야 창백한 얼굴로 듣고 있던 아들이 고개를 끄덕였다.

“이런 경험도 괜찮아, 저런 멘트를 확인하는 기분도 경험이잖아. 그런 거야……”

진심이었다. 인생을 살면 충격도 받고 배신도 당하고 실패도 한다. 그런 것도 다 인생의 ‘맛’이다. 다행히 아들은 알아듣는 것 같았다. 컴퓨터 책상 앞에 붙여두었던 ‘축하합니다. 1단계 전형에 합격하셨습니다’라고 쓰여진 면접대상자로 뽑혔을 때의 합격자 조회결과지를 담담히 떼어냈다. “이제 이건 떼야지” 하면서. 이런 날이 올지도 몰라서, 미리 ‘오버’해준 거였다. 요란한 걸 싫어하는 녀석이 쳐다보고 빙긋 웃는 걸 보고 마음에 들었더랬다. 저렇게 떼어내는 모습도 마음에 든다. 입시가 어떻게 되든, 저 녀석은 잘 해낼 것이라는 믿음이 생긴다.

58

2010년 10월 16일

2010년 10월 16일. 이 날짜를 기억하기로 했다. 나의 두 아이들이 자기들 인생에서 중요한 결정들을 하고 그게 기침 때문에 몹시 고생하는 중인 내게 먹먹하게 다가온 날이므로. 아들은 그다음 날로 예정되어있는 성균관대학교 면접시험에 응시하지 않겠다고 했다. 어제 고려대 면접을 끝내고 돌아오는 길에 점심을 먹으러 냉면집으로 향하던 길이었다. "아~ 내일 면접 가지 말까?" 하더니 집에 오는 길로 저녁때까지 내처 잤다. 다 저녁때 일어나더니 식탁 위에 있던 김밥으로 저녁을 때우고 서성거리다가 혼자 나가 축구공 좀 차고 들어와서 결정을 내렸다. 내가 보기에는 꼭 로또 같은 입시라 그래라, 말아라 훈수를 둘 수가 없었다. 하룻밤 자고 일어나서 타이밍 맞춰서 한 번 더 말해봤다. "생각 바뀌었으면 지금 나가면 시간은 되겠는데."

녀석은 한순간 망설이는 듯하더니 들고 있던 공을 내게 던졌다. 공을 주거니 받거니 하고 있는데 기분이 이상하고도 뿌듯했다. 이 시간에 저렇게 커다란 아들과 공놀음을 하고 있는 건 무지한 행운이라는 생각도 들었다.

같은 날, 프랑스에 가 있는 딸이 보내온 메일에는 뜻밖에도 이런 내용이 적혀있었다.

여튼 나는 오늘 뭔가 대단한 발견을 한 것 같아. 언어학 교수가 클래스넷에 올린 어떤 논문을 읽고 질문도 있고 그냥 평소에 궁금하던 것도 있고 해서 메일을 보냈는데 삼 년 동안 이런 논문 업로드했었는데 이렇게 반응하는 학생은 내가 처음이라면서 엄청 칭찬해줬어. 내가 평소에 궁금해하던 것도 막 물어보면서 이런 것들이 언어학에서 다루는 건지 물어봤는데 그렇대. 철학도 아니고 문학도 아니고 미학도 아니었는데 어쨌든 내가 공부를 만약에 한다면 할 과목은 찾은 것 같아. 그래서 읽을 거리들을 추천해달라고 해서 도서관에서 우선 있는 책 세 권을 뽑아서 서문이랑 앞에 한 챕터씩 읽었는데 뭔가 되게 재밌고 벅찬 기분이야. 무하하. 컨디션은 별론데 그냥 기분이 좋다. 이 네 권만 읽고나면(한참 걸리겠지만) 진로도 적당히 정할 수 있을 것 같아 공부를 더 할 건지 대학원을 갈 건지 유학을 갈 건지 편입을 할 건지 등등등 교수가 그 내가 읽은 논문 쓴 사람이 대학 동창이라면서 원하면 연결시켜준대. 직접 관심있는 질문하면 거기에 대한 논문 보내줄 거라고, 또 도서관에서 서문을 읽는데 이 작가도 대학 졸업반일 때까지 언어학이란 분야가 있는지 몰랐고 자기가 가졌던 생각들이 뭐뭐고 그런 개인적인 이야기들이 있는데 되게 내 얘기 같고 두근두근했어. 여튼 질문해서 고맙고 내 생각의 깊이와 영어실력을 높게 평가한대. 무하하하.

책도 자기가 있는 건 빌려줄 수 있대. 여튼 책을 좀 읽고 말을 더 해보려고 되게 재밌다.

고등학교 때 청소년 인문학 교실에 갔다 와서 "살아있어서 공부를 할 수 있다는 게 기쁘다"고 말해서 나를 놀라게 하던 이 아이. 뭔가 길을 찾은 듯이 보이는 게 한편 기쁘고 대견하고, 한편으로는 공부에 빠지는 심리의 이면에 연민이 일기도 한다. 어쨌거나 자식들의 결정을 존중하고 믿어줄 수밖에 없다는 당연한 생각이 한 번 더 들고, 어느새 다 커서, 내 의견을 묻지도 않고 자기들 스스로 뭔가를 발견하고 결정하나 신기하기도 하다. 뭔가 할 일을 다 한 듯한 뿌듯함과 허전함이 동시에 들면서 긴장이 풀어지는지 감기가 더 심해지는 중이다. 매듭은 단단하게 묶어야 하는데……

59

내 아이, 남의 아이 그리고 어떤 아이

수능, 이렇게 두 글자로 익숙한 낱말을 정식으로 '수학능력시험' 이렇게 적어놓고 보니 저게 무슨 말인가, 싶다. 수능시험을 치르는 아들을 현관에서 배웅하고 출근해서 컴퓨터를 켜니 가장 먼저 보이는 게 수능관련 기사다. 극단적인 두 개의 기사를 읽고 뭐라고 표현하기 어려운 허탈에 휩싸이는 기분이다.

시험 당일 아침에 대전의 어느 예식장 주차장에서 시체로 발견된 재수생. 시험을 앞두고 아이가 들어오지 않아 찾아나섰다가 오늘 아침에야 옥상에서 떨어져내린 아들을 찾았다는 아버지. 그 아이가 남긴 메모에는 미안하다 '등'이 적혀있었다는 짧은 기사. 옛날에는 이런 기사를 접하면 우리나라 교육이 참 큰일이라는 생각, 이런 식의 대입은 바뀌야 한다는 생각이 우선했지만 오늘은 어쩐지 전율이 일면서 이 아버지가 의심스러웠다. 죽음이라는 극단적인 선택을 한 아이가 남겨야 할 말이 '미안하다'였을까. 사실을 전하는 몇 줄 기사에서 읽을 수 있는 건 별로 없지만 기사는 왜 그렇게 짧은 건지, 유서에 대해서는 왜 미안하다 '등'이라고 일축했는지, 시험을 앞두고 아이가 들어오지 않았는데 그 아버지는 밤을 어떻게 보냈는지, 겨우 오늘 아침에야 아들을 찾을 수밖에 없었는지 궁금한 게 한두 가지가 아니다.

그 기사 옆에 나란히 기다란 기사가 또 있다. 수학능력시험은 행복능력시험이라는 어느 여고생 이야기. 가정에서 버려지고 청소년 쉼터에서 자란 그 아이 이야기를 읽어보니 행복능력시험, 맞다. 자신을 키워준 쉼터에 보은하고 싶어서 사회복지를 전공으로 선택한 그 아이의 환히 웃는 얼굴. 그다음 기사는 올해 수능의 난이도 소식. 얼핏, 언어영역은 짐작할 수가 없다고 하던 아들 말이 떠올랐다. 어제까지만 해도 느긋하더니 오늘 아침, 유난히 신중하고 말수가 적고 단호하던 녀석의 얼굴이 떠올랐다.

날씨가 포근하다더니 그래도 11월이라 공기가 싸늘하게 느껴지던 출근길, 문득 1교시 시험이 끝났겠구나, 라는 생각, 5시 반에 끝난다던데 하루 종일 답안지에 마킹하는 일을 하는 게 말이 되는지 모르겠다는 생각이 들었다. 딸과 아들이 도합 세 번의 수능시험을 치르지만 이런 생각이 들었던 적은 없다. 뭔지 모르게 마음이 어지럽다.

시험장을 떠나지 못하고 기도하는 어머니들도 있다는데 나는 오늘 아침 최악의 밥상을 차려주었다. 어쩐지 몸도 안 움직여지고 머리도 안 돌아가는 탓에 누룽지와 함께 상에 올린 딱 한 가지 반찬, 계란찜은 이렇게 맛없을 수도 있구나 싶게 되어버렸다. 온 식구 도시락 통을 늘어놓은 부엌은 무슨 전쟁터 같고 나는 내가 왜 이렇게 정신이 없는지 알 수가 없었다. 아들 녀석이 혹시 데려다 달라고 할까 봐 겁이 났다.

어제는 사무실 주차장 모서리에 자동차 범퍼를 긁고, 실리콘 냄비받침을 바닥에 붙인 채 프라이팬을 가스불 위에 올리고, 오늘 아침엔 밥을 푸다 잠시 내려놓은 주걱을 잃어버리고, 도시락을 싸다 뚜껑을 못 찾고…… 내가 왜 이러는지 모르겠다. 내 아이, 남의 아이, 그리고 어떤 아이 등등이 마구 섞이면서 부모들이, 아니 어른들이 아이들을 위해서 해줄 수 있는 건 참 많다는 생각이 든다. 행복능력시험 운운하는 씩씩한 아이를 '버린' 그 부모는 아들로 하여금 옥상에서 뛰어내리면서 '미안하다'는 마지막 말을 남기게 만든 부모보다 낫다는 확신이 든다. 분노.

60

엄마, 불안해……

중간고사 첫날 시험을 망친 우리 딸, 오늘 아침 안 떠지는 눈을 비비며 일어나 식탁에 떡과 우유 한 잔 겨우 놓아주고 소파에 늘어져 있는 내게 다가와 무뚝뚝하니 이런다. "저리 좀 비켜봐!" 그제야 쳐다보니 단정하게 교복을 차려입고 있다. 시계를 보니 7시 15분 전. 평소대로 집을 나서려면 15분이 남았다. 소파 안쪽으로 몸을 더 들이밀어서 자리를 내어주는 시늉을 하는데 나보다 더 커다란 녀석이 와서 안기며 "엄마, 불안해……" 한다. 이제 '입시'라는 게 느껴지는 모양이다. 그렇겠지. 불안하기도 하겠다. 맘 같아서는 그까짓 시험 못 봐도 된다고 말해주고 싶지만 그러면 안 될 거 같았다. 아이를 도와주는 일이 아닌 거 같았다. 꼭 안아주면서 마음이 편해야 실수하지 않고 시험 칠 수 있는 거라고, 괜찮다고 다독이니 이 녀석, 금세 쌔근쌔근 잠이 든다. 거의 갓난아기 수준이다. 정확하게 15분을 재우고 깨웠더니 발딱 일어나서 학교 간다고 나선다.

세상에 태어나서 잘했다고 느껴지는 건 아이들을 낳고 키우고(?) 있다는 것뿐이다. 저 혼자 잘 크고 있는 애들이 정말 고맙다.

그때는 미처 몰랐다. 그 불안의 크기가 얼마나 되는지. 성적 같은 거 별거 아니라고 생각하는 건 나 같은 어른이나 할 수 있는 일이었다. 성적과 입시가 인생의 거의 전부인 삶을 살던 아이가 어떻게 나처럼 생각할 수 있었겠는가. 얼마 전에야 딸은 이때의 일을 이런 말로 회상했다. "음…… 그때야 하도 성적이 나쁘니까 어떻게도 해볼 수가 없었지 뭐."

그랬구나, 나는 이제야 알았다. 자존심 세고, 엉뚱한 짓 잘 벌이는 이 아이가 사실은 속으로 그렇게 열패감에 시달렸었구나. 그냥 일반고에 갔더라면 적어도 정신건강이나 입시에는 확실하게 도움이 되었을 듯싶다. 그렇기는 해도 나는 사실 후회가 되지는 않는다. 그래서 그렇게 나름대로 치열하게 살지 않았던가 싶기도 하고, 선택할 수 있는 것을 선택해 보았던 것은 결과를 떠나서 역시 좋은 경험이었다는 생각도 든다.

다 크고 나니까 더더욱 입시니 성적이니 하는 것들이 더 부질없어 보인다. 대학생들까지도 학점이니 스펙으로 무장하려고 하고 입사시험도 상식이니 수학이니 논술이니 수능 못지않은 시험을 보는 건, 알이 먼저인지 닭이 먼저인지 모를 대한민국형 경쟁의 악순환일 것이다.

면접시험 때문에 고민하는 딸에게 말했다. "시험성적보다 중요한 게 면접일걸? 무슨 방법이 있는 게 아니야. 그냥 사람은 보면 아는 거지. 기업은 자기가 원하는 사람을 뽑는 거야." 공정성이 아니라 주관성의 문제니까 소문만 듣고 이런저런 준비할 거 없다는 뜻으로 설명할 준비를 하고 시작했는데 딸이 나서서 말문을 막는다. "나도 안다고!" 뽑아만 주면 무슨 일이든 잘할 자신이 있다는 녀석을 보면서 자신 있어 좋겠다 싶다. 진짜 자신 있는 것 같다. 그래서 취직이 되든 안 되든 제 인생 제가 개척해나가는데 문제없을 것 같은데도 불구하고 저놈의 취직시험에 불합격하면 또 얼마나 스트레스가 쌓일 건지 내가 지레 겁이 난다.

61

몰라요

방금 아들 녀석 학원 선생님한테서 전화를 받았다. 지각 중일 거라고 대답은 했지만 한마디 하고 끊기가 그래서 공부는 어떻게 잘하고 있느냐고 물었다. 선생님이 곤란한 기색으로 몇 마디 하더니 "이 녀석이 이번에도 시험을 못 보지 않았습니까?" 한다. 그랬나……? 가만, 시험은 언제 쳤더라…… 생각하는데 청산유수로 이어지는 선생님의 말을 들으면서 부엌에서 끓고 있는 국수를 향해서 가고 있는데 결정적으로 이러는 거다.

"휘진이가 틀린 문제 중에 하나는 아마 전교에서 한 명도 안 틀렸을 겁니다."

에……? 얘가 왜 그럴까? 선생님도 알 수가 없단다.

"그럼 얘한테는 물어보셨어요?"

아이의 대답은 "몰라요"였단다. 그제야 웃음이 났다. 맞다, 이 녀석은 뭘 물어도 대답이 한 가지다. "몰라요." 심지어 뭐 먹고 싶어? 이런 간단한 질문에도 모른다고 대답해서 사람 열 받게 한다.

"야! 그 대답은 너 아니면 아무도 모르는 거잖아. 너 혼자만 아는 건데 네가 모른다면 어떻게 해!"

이러고 소리를 질러가며 키웠건만 다 크도록 여태도 웬만한 질문엔 "모른다"가 대답이다. 그런데도 귀엽다. 이게 둘째 아이의 운명일까…… 내가 피식 웃으며 성의없이(?) 대꾸를 하고 있으려니 선생님도 김이 빠지는지, "죄송합니다. 열심히 가르치겠습니다" 이런다.

이 녀석 참! 왜 시험은 못 봐 가지고 선생님을 곤란하게 만드는지. 그나저나 선생님 말이, 애는 성실하고 머리도 비상한 거 같은데 시험을 못 보는 이유가 뭔지 도대체 모르겠다고 한다. 글쎄, 시험 못 보는 애한테 써주는 멘트인지는 모르겠으나 더 크면 괜찮아지는 걸까……? 큰애는 워낙 놀기만 하고 컸으니 시험을 못 보는 게 당연했는데 이 녀석은 자나깨나 (비록 침대에서지만) 책이라고는 교과서와 참고서만 붙들고 있는데 왜 이런지!!

그러고 보니 이럴 때도 있었다. 학원 선생님이라서 그나마 이렇게 친절했던 것 같다. 책가방 들고 학원 왔다 갔다 하는 걸 너무 당연하게 생각하던 이 녀석도 공부해야 한다는 생각만 했지 실제로 공부는 별로 안 했었던 모양이다. 어쩌다가 운이 닿아서 고3이 되기 전에 외고에 편입을 했었는데 거기 가서 애가 느낀 것이 "공부를 이렇게 많이 해야 하는 건지 정말 몰랐다"라는 게 나는 참 이상했다. 불과 2년 전인데 아득한 옛날 일만 같다. 지나고 나니까, 그리고 우리 아이들뿐만 아니라 주변 아이들 대학 진학하는 거 보니까 더욱더 입시라는 게 허망하기 짝이 없다.

62

코에 바람 들어서 안 돼!

잠이 절대적으로 모자란다. 요새 컨디션 조절에 최선을 다하는 중인데 잠자는 시간만은 어떻게 안 된다. 새벽 1시가 넘어야 잠자리에 들 수 있는데 6시 20분엔 어김없이 일어나야 하니! 나야 또 틈틈이 쉴 수 있는데 애는 어떻게 사는지 모르겠다. 그 시간에 일어나서 등교, 밤 12시 다 되어서 집에 들어온다. 그러니 수업 시간에 졸지 말라는 건 무리인 것도 같다.

잠순이 우리 딸, 고3이라고 나름대로 긴장이 되는지, 1시도 되기 전에 잠자리에 드는 건 양심에 찔린다며 안 자고 앉아서 수다를 떤다.(차라리 잠이나 잘 것이지!) 내킨 김에 어제 어디서 본 광고 얘기를 했다.

"너네 반에 걔, 있잖아…… 연희던가?"

"응……?"

"있잖아, 대산문화재단 캠프에 갔던 애."

"아! 현희?"

청소년을 위한 인문학 강좌 광고를 보고 그 아이 생각이 나길래 알려주라고 했다.

"걔도 여유 없어. 수학이 모자란다고 걱정이던데…… 말은 해볼게."

"인생 길어! 토요일 몇 시간인데, 아무리 고3이라지만 그 시간을 못 내냐? 멀지도 않더라. 대학로던데, 너도 걔랑 같이 가보든지."

"엄마는! 그런 데 가면 코에 바람 들어서 안 돼!"

그 소리 해놓고는 애가 샐쭉한다. 작년인가 재작년에 연구공간 수유+너머와 하자센터가 공동으로 기획했던 인문학 강좌에 한동안 참가했던 기억이 나는 것이다. 강좌 자체는 애가 흥분될 정도로 재미있어했는데 시간이 안 맞아서 학교에서 곧바로 교복 차림으로 가야 했던 게 문제였단다. 외고 다니는 애, 그러니까 '입시기계'가 그런 데 온다는 것에 대해서 애들이 거의 빈정거리는 모드였다나.

"하자 애들 얼마나 웃기는지 알아? '제도권'이라면서 학교 다니는 애들 막 무시하고, 학교 울타리는 무슨 군대나 감옥이라고 그러고! 지네들은 적응 못해서 나온 거면서, 진짜 왕 잘난 척이야! 걔네들 자신감은 황당해! 기분 나빠!"

학교 다니기 싫어하던 아이라 숨통 트라고 보냈는데 나름대로 그 속에서 '소수자'의 입장이 되다 보니 오히려 학교에 남아있겠다는 입장이 확고해진 모양이었다. 듣다 보니 불쌍했다. 『인권은 교문 앞에서 멈춘다』라는 책도 있지 않은가. 아닌 게 아니라 감옥 같은 학교에서 0교시부터 야자까지 버티는 애들 아닌가 말이다. 편을 들어줄 수밖에 없다.

"글쎄, 좀 그렇지? ……지나친 자신감은 열등감의 표현일 때가 많아."

아직 단순한 '아이'다. 말해놓고 잘한 건지 못한 건지 모르겠다 싶었는데 아이가 반색을 했다.

"맞아! 열등감이야!"

애는 체증이 내려가는 듯 속이 시원한 표정으로 음료수 컵을 들고 일어섰다.

"내가 현희한테 얘기해볼게~"

그게 어제 새벽 1시 15분의 일이다.

대학 들어간 지 얼마 안된 아들 때랑 비교해보니 첫애라서 몰라서 더 그랬겠지만 이때는 정말 나도 입시가 얼마나 큰일인지 감각이 없었나 보다. 하긴 내 탓도 아니다. 애 역시 '꿈 많은 여고시절'의 이벤트성 삶을 살고 있는 듯이 보였고, 그거 구경하느라 나도 정신이 없었으니까.

이제 와서는, '공부 좀 할걸' 가끔 그런다. 그러면서도 그때는 성적이 너무 나쁘니까 뭘 어떻게 해볼 엄두가 안 났다고 한다. 게다가 자기가 속한 집단에서 상위 몇 프로에 들었던 경험이 한 번도 없었다고 영 힘이 빠진 소리를 한다. 나도 가끔씩 후회가 된다. 고3 들어서면서 공부하겠다고 다짐을 하더니 애가 진지하게 자퇴를 고민하던 기억이 난다. 지금 같으면 과감하게 자퇴를 시켰을 것이다.

그때 그렇게 하지 못했던 것이 고등학교를 제대로 졸업해야 한다거나 뭐 그런 이유가 아니었다. 딸이 제 입으로 그랬다. 친구는 자퇴하고 스포츠 센터 다니고 검정고시 학원도 다니면서 잘 지내는데 자기는 엄마가 출근하고 없는 빈 집에서 혼자 일어나 혼자 밥 먹고 학원 다니는 거 할 자신 없다는 거였다. 나는 그때 출판사를 시작한 지 얼마 안 되었던 터라 정신이 온통 책 만드는 일에 가 있었다. 그게 고스란히 딸 눈에 보였던 거다. 그래도 아마 아들 녀석 같으면 자기를 챙겨줘야 한다고 주장했을 텐데! 딸 뒷바라지 해가면서 일할 수 있었는데 나는 왜 두 번도 생각하지 않고 딸의 판단을 신뢰했을까. 그렇게나 현실적인 판단을 하는 딸이 오히려 믿음직스러웠을까. 두고두고 미안할 일이다.

63

수능 이후의 교실

수능 시험 이후, 딸아이 등교시간이 달라졌다. 3년 내내 새벽 6시에 일어나야 했는데 이제 9시까지 가면 된단다. 그나마 9시까지 오는 애들은 1/3 정도밖에 안 되고 11시쯤 오는 애들도 많단다. 수업이라는 건 하지도 않는 거 같다. 선생이나 학생이나 수업일수는 그래도 채워야 되지 않겠느냐는 암묵적 동의하에 학교에 왔다 갔다 하는 거 같다. 그래, 한바탕 난리를 치렀으니 그렇기도 하겠지. 하루는 이런 마음이 들고 그래도 그렇지. 드디어 시험 끝났으니 본격적인 지원 작전이 시작되기 전까지 시한부로나마 잠시 다르게 살아볼 수도 있는 거 아냐? 진짜 교육을 할 수도 있는 거 아니냐고! 이런 마음이 든다.

속이야 어떤지 모르겠으나 말하는 것만 봐서는 오로지 관심이라고는 파마하고, 쇼핑하는 것뿐인 듯하다. 그런 말이나마 하는 것도 돈이 필요하기 때문이겠지만. 문제집 산다, 학원비다 하면서 받아갈 땐 "히히 난 돈 먹는 하마야" 이러면서 미안한 듯 애교를 부리던 녀석이 턱없이 당당하다. 스트레스 푸는 방법이라는 게 과연 그런 것들뿐일까.

내가 여고생일 때도 그렇기는 했다. 예비고사가 끝나고 학교는 완전히 달랐다. 수업은 없어지고 화장품 회사에서 특강을 하러 오기도 하고, 취업을 하든 대학을 가든 오로지 교복을 벗는다는 사실에 아이들은 들떠있고, 학교도 그걸 방관했고, 선생님들은 수업에서 놓여나는 것을 학생들 못지않게 편안해하는 것 같았다.

그 모든 것들에 관심이 없던 나는 대학에 들어가서도 그리고 그 이후에도 줄곧 그런 것들에 적응이 되지 않았다. 아니, 좀더 정확히 말하자면 그럴 여유가 없었다. 그러다 보니 멋쟁이 아들, 딸에게 핀잔을 듣기 일쑤였지만 내 스타일을 가꾸어나가기 위해서 필요한 돈과 시간과 에너지가 결혼 초에는 하나도 없었고, 그 이후 지금에 이르기까지 그것들은 박자가 안 맞게 생겨났기 때문에 결과적으로 나는, 까다로운 취향이랑 스타일에 대한 욕구에도 불구하고 항상 아들, 딸의 로망과는 거리가 먼 엄마의 모습을 하고 다녔다.

수많은 수업료를 치르고 요즘엔 많이 나아졌는데 아이들의 영향도 크다. 아들이고 딸이고 패션을 화제에 올리면 대화가 잘 통하고 코드가 맞는 재미가 있는 것이다. 가끔씩 이래도 될까, 싶을 때도 있고, 딴 애들은 엄마랑 할 말이 이렇게 많은 성장기를 보냈겠구나 싶기도 하다. 이제는 아들을 데리고 나가면 아들 취향에 맞는 내 옷을 사고 딸을 데리고 나가면 딸 취향에 맞는 내 옷을 산다. 그런데 사실 나는 내 취향에 맞는 옷만 입는다. 내 옷장에 옷이 늘어나는 이유다.

64

벌써 시험공부를 해?

올해 고등학교에 입학한 둘째 녀석은 키가 이제 나는 물론이고 제 아빠보다도 더 커졌다. 그래도 우리 집안에선 친가외가 합쳐서 '막내'라 모두가 시도때도 없이 아기 취급을 한다. 가끔 짜증을 내지만 대략 장단을 맞춰주는 편인 '아기 같은' 이 녀석, 언제까지 갈지 모르지만 현재 학구열에 불타서 '오버' 중이다.(혹시 이것도 어려서 이런 거 아닌가 싶다.) 어제는 12시에 끝나는 학원에서 돌아와 야식을 먹더니 중간고사가 3주 남았다면서 두 시까지 공부하다가 잔단다. 말이 되나? 애가 계산을 할 줄 모르는구나. 생각하고 있는데, 하는 일 없이 동생보다 더 많이 야식을 먹던 제 누나 왈,

"헐~ 진짜 오버다! 3주나 남았는데 벌써 시험공부를 해?"

"왜애~ 난 4주 전부터 할라고 그랬는데!"

어쨌거나 공부한다는 아이한테 나쁜 영향(?)을 미치는 누나가 미워서 살짝 야단을 치고 나니 좀 미안하다. 엄마 잔소리에 아이들은 바로 돌아서서 흩어진다. 큰 녀

석은 불 끄고 취침 모드에 들어갔고, 작은 녀석은 진짜로 책상 앞에 눈에 불을 켜고 앉았다. 신기하다, 싶었는데 삼십 분도 안 돼서 잔단다. 그렇지, 그게 맞지. 6시 반에는 일어나야 하는데. 애 때문에 나도 잠이 모자란다. 자명종 소리에 긴장하고 일어나 아무리 깨워도 애가 안 일어나는 아침은 애도 힘들고 나도 힘들다.

오늘은 미안한지 안 일어나면서 말이 길다. 엄마가 있으니까 너무 편해. 안심이 되나 봐 어쩌고 하면서…… 한 열흘 내가 출장 가 있는 동안에 하루도 어김없이 혼자 6시 반에 일어나고 집 앞에 있는 떡집에서 아빠 아침거리까지 사다가 식탁에 놓아주고 학교에 갔다고 한다. 귀엽고 기특한 마음도 들지만 하루 이틀 아니고 계속 잠을 못 이기는 애를 깨우려니까 짜증도 나고 대책도 안 선다. 엄마 없으면 혼자 잘 일어나고 공부도 열심히 한다는데 엄마만 보면 뭐 먹고 싶고, 여기저기 아프고(허리며 다리며 매일 주물러줘야 한다) 빈둥거리는 건 대체 누구 탓인지! 휴, 나는 왜 본의가 아닐 때조차도 애 공부에는 도움이 안 되는지 모르겠다. 그러면서도 혹시 이 아이가 진짜로 중간고사라는 걸 잘 보는 사건이 일어날까 은근히 기대가 된다.

공부에 관한 한, 이 녀석은 진짜 '오버'를 많이 했다. 초등학교에 들어가기 전에 하루 종일 문제집을 풀던 일부터 중학생이 되고 나서는 새벽까지 공부를 하겠다고 결심을 하고, 고등학생이 되고 나서는 바로 수능시험을 보는 것처럼 걱정이 많았다. 물론 매번 처음 며칠을 그랬다. 그런데 고3이 되었을 때 나는 새미있는 현상을 발견했다. 0교시부터 심야자율학습까지 하는 학교에서 하루 종일 붙어있는 애들 중에 진짜로 공부 열심히 하는 애는 몇 안 된다고 했다. 심지어 수능이 가까워오자 반에서 공부 많이 하는 애는 자기뿐이라고 자타가 공인을 한다고 했다. 그게 가능했던 게 엄마가 공부를 안 시켜서라고 해서 얼마나 뿌듯했는지 모른다.

우리나라 현실에서 그것도 외고에서 선행학습이라는 걸 안 하고 고3이 되는 아이는 없었다. 그런데 바로 우리 아들이 그 경우였다. 딴 애들은 모두 1년 전에 다 배운 내용이라 지겹게 문제만 푸는 상황에서 사회탐구과목은 물론 수학까지도 처음 배우는 게 많았던 우리 아들은 바짝 긴장하고 그런 만큼 집중도 잘했고 그래서 성과가 좋은 편이었다. 고3 일 년 내내 기분이 좋은 편이었고, 나도 밥해주는 재미가 있었다. 물론 그래도 자기가 원했던 대학에는 가지 못했지만 그건 또다른 얘기다.

04

자식한테 지는 법

65

파리에서 – 마담 브라운

아들이 다니는 학교 선생님 이름이다. 우리나라 담임과는 좀 다르지만 책임교사. 한국 아이들의 특성상 수학을 잘하는 아들 녀석을 따로 고3 반에 올라가서 수업을 듣게 해주고, 대신 불어가 턱없이 모자란다면서 다른 학년 수업을 더 듣게 해주고, 친구 사귀기가 쉽지 않은 점을 들어 다른 학부모와 연결, 그 집 아이들에게 수학 수업을 해주면 어떻겠냐는 둥의 제의를 해주고 여러 모로 내게는 고마운 사람이다. 소문에 듣기로는 워낙 깐깐하고(인상이 편치를 않고 피곤한 편이다) 힘든 사람이라고 했는데 의외로 선선하게 일을 '예외적으로' 처리해주는 것을 보니 고맙지 않을 수가 없었다. 그래도 달리 표현을 못하고 있었다. 이러다 그냥 귀국하겠다 싶어서 한국 식당에 초대를 했다. 한국에서는 생각도 못할 일이라서 어떨까 싶었는데 의외로 아주 기뻐하는 것이었다.

막상 식당에 마주 앉자 별로 할 말이 없었다. 선생님이 먼저 학교 얘기, 학생들 얘기를 시작했다. 한국 애들은 이름 외우기가 힘들다, 너네들은 이름만 듣고 남자아이인지, 여자아이인지 아느냐는 질문으로 자연스럽게 시작되었다. 당연히 안다.

그랬더니, 지우가 남자냐, 여자냐, 묻는다. 사실 내 친구들 중에는 딸도 지우가 있고, 아들도 지우가 있다. 어이없이 웃고 나니 작년에 자기 반에 한국 애와 일본 애가 있었는데 참 힘들었다는 얘기를 한다. 일본과 우리의 관계를 모르지는 않지만 일본의 역사왜곡 사건, 교과서 사건까지 알지는 못하는 그에게 그런 얘기들을 해줬더니 엉뚱하게도 그건 여기도 마찬가지라면서 영국인인 그녀는 프랑스 사람들 흉을 보기 시작했다. 프랑스도 비시 정부 시절 나치에 협력했던 사실을 숨기고 있다고. 그래서 프랑스 사람에게 르아브르를 누가 폭격했냐고 물으면 대체로 독일이라고 대답하는데 사실은 영국이 폭격한 거란다. 프랑스가 나치와 협력했다는 이유로.

영국인들이 그렇듯이 프랑스인에 대한 묘한 경멸 내지 질시를 드러내면서 그녀가 하는 말이, 프랑스 말은 얼마 안 있어서 라틴어처럼 사라질 것이란다. 미국 아이들은 세상에 언어라는 건 영어밖에 없는 줄 알고, 좀 크면 스페인 말이라는 게 있다는 걸 안다더니(지리적 환경 때문이다. 미국과 인접한 남아메리카에서 주로 스페인어를 쓰니까), 영국인이나 미국인이나 언어에 대해서는 오만할 수밖에 없는 모양이다. 하긴 한국에서도 불문과가 점점 사라지는 추세고, 요즘 젊은 애들은 거의 자연스레(?) 영어를 하는 지경이니…… 술을 잘 마신다고 하길래 반 병짜리 포도주를 시켜놓고 비빔밥을 먹다 보니 자기 인생 얘기가 술술 나온다. 23살에 아들 둘 낳고 이혼해서 혼자 고생한 얘기, 아이 학교 학부형 모임에 갔다가 7살 연하의 프랑스어 교사와 눈이 맞아서 결혼해서 파리로 왔으나 몇 년 후, 그가 자살했는데 아직도 그 이유를 아무도 모른다는 이야기, 그와의 사이에서 낳은 딸까지 아이 셋을 기르느라 일요일에도 일을 하면서 살아온 얘기, 그리고 지금, 100여 명의 학생들을 가르치지만 자기가 책임지고 있는 학년의 모든 아이들 문제를 일일이 신경써야 하는 얘기, 하다못해, 숙제를 안 해온 아이가 교실에서 쫓겨나면 자기한테 오게 되어있고, 자기는 그 아이와 교사의 말을 들어보고 그 부모에게 메일을 보내야 할 의무가 있다고 한다.

자세히 들어보니 우리나라 같으면 선생'님'들은 신경도 안 쓸 것 같은 시시콜콜한 일들을 일일이 다 하고 있었다. 하루에 답장해야 하는 메일만 300여 통이라는 말에 (새벽 6시부터 메일확인을 한다고 한다) 깜짝 놀라서 다시는 메일을 보내지 말아야겠다는 생각이 들 지경이었다. 그제서야 메일을 보내면 거두절미하고 한 줄짜리 답장이 오는 게 이해가 가고도 남았다. 이제까지는 이건 뭐, 예의도 안 차리고 선생님이라고 이래도 되나, 내심 그런 마음이 있었는데 서운한 마음이 가시고도 남았다.

여기는 아홉시가 넘어야 슬슬 노을이 지기 시작한다. 이제야 차가운 공기가 슬슬 물러나는지 이때쯤이면 춥지도 덥지도 않고 선선한 바람이 참 쾌적하다. 식당을 나서서 버스를 타러 걸어가면서 그녀는 일부러 내가 가는 방향을 택했다. 조금 돌아서 지하철을 타겠다면서. 그녀는 할 얘기 있으면 언제든지 연락하라고 하면서 작별인사를 했지만 나는 오히려 웬만하면 메일 같은 거 보내지 말아야겠다는 결심을 하는 중이었다. 그런데 그녀가 다음 날 아침에 메일을 보내왔다. 정말 즐거운 저녁이었다고, 식당도 마음에 들었고, 편안한 시간 보내게 해줘서 고맙다고. 인사치레겠거니, 생각하려고 해도 고마운 마음이 저절로 들었다.

66

파리에서-상품 없는 시상식

이제 여기는 학기가 끝나는 중이다. 자유경쟁, 사립화 반대 데모로 몇 달씩 휴업을 한 대학교는 아직도 시험이며 수업이 늘어지고 있지만 중고등학교는 이번 주로 종강이다. 대입 수학능력시험을 일부 아이들은 치르고 나머지 아이들은 곧 치를 예정이고 학기를 마무리하느라 피크닉을 가는 학년도 있고 이래저래 어수선하다. 때마침 시작되는 여름 날씨까지 겹쳐서 교사도 학생도 다들 긴장감이 없는 계절이다.

이런 분위기에 며칠 전 집으로 우편물이 왔다. 아들 이름으로 된 것이었는데 무슨 고지서겠거니 하고 무심코 뜯어봤더니 낯선 편지였다. 〈자닌 마누엘 어워드 2009〉에 뽑혔으니 부모님과 함께 시상식에 참가하라는 내용이었다. 자닌 마누엘이란 이 학교의 설립자 이름이었다. 내용으로 봐서는 학업성취도뿐만 아니라 세계시민으로서의 자질을 높이 평가해서 주는 영예로운 상이라고 되어있었지만 무엇 때문에 주는 상인지 정확히 이해하지 못한 채 다소 설레는 마음으로 시상식에 갔다. 시상식이나 졸업식 같은 것은 더러 미국이나 영국 영화에서 본 일이 있지만 프랑스 학교에서 이런 걸 한다는 얘기는 처음 들어본 터라, 좀 의아한 마음으로.

그런데 막상 가보니 역시 프랑스다웠다. 시간도 학교가 다 파하고 난 저녁 6시 반이라는 게 좀 이상했는데 학교 정원 한편에 자그마한 단상, 그 단상 위에 마이크가 놓인 탁자 하나, 그 뒤로 색색의 장미가 수북한 화병 두 개, 한구석에 놓인 검은 피아노, 시상식장이라는 게 그게 다였다. 흔히 보이는 내빈석이라든가 학교 마크, 상품 등등은 아무것도 없었다. 아이들을 따라온 식구들이 서로 인사하느라 바빴고 선생님들도 아이들도 들뜬 얼굴인 게, 작은 축제라도 하나…… 우리가 분위기 파악 못해서 준비 못하고 온 게 있나 살짝 걱정도 되었다.

드디어 식이 시작되었다. 교장 선생님의 역할은 사회에 불과(?)했다. 사회는 단 한마디 인사말을 하고 마이크를 학생에게 넘겨 트럼펫 연주로 '식'을 시작했다. 이어서 시상이 시작되었는데 이 사람 저 사람이 번갈아 나와서 상을 주는데 어리둥절했다. 나중에 알고 보니 나로서는 알 리가 없는 교사들이었다. 상을 주면서 상을 받는 아이들의 특성을 설명하고 성적 우수상이긴 하지만 이 아이가 잘하는 것은 공부뿐만이 아니라면서 유머러스하게 아이를 칭찬해주었다. 여러 선생님이 여러가지 나라 말로 아이들을 칭찬하는 동안 교장 선생님은 화병에 꼽힌 장미를 한 송이씩 뽑아서 연단에 올라온 아이들에게 선사했다. 그랬다. 상품도 상장도 없이 장미 한 송이에 칭찬 한 아름. 그게 시상식이었다.

재미있는 것은 시상식에는 상을 받는 아이와 그 가족만 참석할 뿐이고 개별 통지 이외의 방법으로 공지하지 않기 때문에 다른 아이들은 자기 반에서 누가 상을 받는지조차 알지 못한다. 상을 받는 아이도 상을 받지 못하는 아이도 다 같이 배려하려는 뜻이겠지만 그래도 상을 줄 때만은 한껏 격식을 갖춰서 각각의 상들이 어떤 의미인지 그걸 받는 아이는 얼마나 우수한 것인지 학부모들이 알 수 있도록 자세히 설명을 해주고 아낌없이 칭찬해주었다. 그리고 가장 눈에 띄는 것은 마이크를 잡고 시상을 하는 사람이 그 아이를 직접 가르친 교사라는 점이었다. 그렇게 두어 시간이 지루한 줄 모르고 흐르자 화병의 장미는 눈에 띄게 줄어들었고, 교장 선생님은 아이들에게 "나는 여러분이 너무나 자랑스럽다, 여러분은 긍지를 가져도 좋을 만큼 충분히 우수하다.(프랑스도 어쩔 수 없이 대학 입학률로 학교의 우열이 갈리는데 '지는 별'이라는 프랑스 대학 말고 미국의 아이비 리그 및 영국의 옥스포드, 캠브리지 등에 합격생이 많은 걸로 유명한 이 학교의 교사들은 전반적으로 학생들에 대한 자신감이 넘친다. 교장의 이런 말은 빈 말, 형식적인 인사가 아니어서 더욱 간결하게 들렸다) 앞으로도 열심히 하기 바란다"라며 몇 초 안 걸리는 인사를 했을 뿐 청바지에 셔츠를 입은 남학생이 피아노 연주로 시상식을 마무리했다.

음악을 전공하는 학생들이 아니기 때문에 트럼펫 연주자도 피아노 연주자도 서툴렀다. 그 서투름이 예뻤고, 청중들은 모두 마음을 다한 박수로 감사와 격려를 표현했다. 쌈박했다. 무엇보다도 지루한 축사, 격려사 같은 걸 들으면서 졸음을 참아야 하는 일이 없어서, 머릿속으로 계속 딴생각 할 일이 없어서 너무나 좋았다! 무한경쟁에서 살아남아야 하는 우리나라나 미국식 시스템과는 다른, 참으로 프랑스다운 시상식. 무슨 소탈한 가든 파티에 다녀온 기분이다. 아들이 며칠 전에 하던 말이 생각난다.

"우리나라에서는 학교에 딱 들어가는 순간부터 나오는 순간까지 '생각'이라는 건 할 필요가 없거든. 진짜로 1분도 생각할 일이 없어. (이 녀석은 모범생이라서 그런지 한국에서 그렇게 아무 생각 없이 살았던 모양이다) 그런데 여기 교육은 항상 생각을 많이 해야 하는 것 같아."

그러게 말이다. 이제 귀국하면, 생각을 많이 하면 할수록 점수가 나쁜데…… 문제집을 자기 키만큼 풀어야 좋은 대학엘 간다는데…… 심지어 졸면서 문제를 풀어도 정답을 맞출 수 있도록 문제집을 풀고 풀고 또 풀어야 한다는데…… 두고 볼 일이다.

67

완전 밥순이

등교한 지 몇 시간 안 되는 아들한테서 문자가 왔다. **'엄마 천애향이라는 과일 먹고 싶어 장볼 때 사다줘.'** 이렇게 길게 또박또박 말하는 문자라니, 게다가 먹고 싶다고 사다달라고? 나는 핸드폰 화면을 한참 쳐다봤다. 천애향, 오자가 귀여웠다. 천혜향은 또 어디서 들었을까? 친구가 싸온 간식인가? 동네 과일 가게에 가니 천혜향이 없었다. 더 멀리 장을 보러갈 컨디션은 아니었다. 그러나 이렇게 콕 집어서 먹을 걸 사다달라고 하니 꼭 들어줘야 할 거 같았다. 잠시 망설이다가 나는 차를 몰고 대형마트에 갔다.

장을 잔뜩 봐왔다. 머릿속에 그린 메뉴는 월남쌈, 과일소스 샐러드, 묵밥, 닭가슴살 덮밥 혹은 볶음 국수. 날이 화창하니 식구들에게 신선한 것 혹은 새콤한 것을 먹여야겠다는 생각이 들었다. 게다가 며칠 전부터 소화가 안 된다며 고기를 먹지 않겠다고 선언하는 아들에게 뭔가 새로운 것을 먹일 때가 된 것 같았다. 밥이 질렸다며 괜히 짜증을 내는 아들을 위해서 치즈와 야채와 과일 그리고 새로운 발사믹 식초를 샀다. 프랑스에서 먹던 음식을 해주면 입맛이 살아날지도 모른다는 생각이 들었다. 모의고사 이후 의기소침해진 상태에서 기분전환이 되었으면 하는 기대도 생긴다.

대형마트에는 정말이지 없는 게 없었다. 빠르게 매대들을 훑으며 매실 장아찌까지 곁들여서 샀다. 우유며 주스와 요구르트까지 몇 개씩 무겁게 사들고 들어와 풀어놓으니 한숨이 나고 기운이 다 빠진다. 도대체 저것들을 언제, 누가 다 먹을 것인가! 자신들이 하는 모든 일들이 매우 중요한 딸과 남편은 언제나 집 밖에 있다. 밥 먹는 시간에 집에 들어올 생각 같은 건 없다. 그나마 아직 규칙적인 생활을 하는 미성년자 아들밖에 먹일 사람이 없다. 얼른 전화를 걸어봤다. 궁금했다. 상태가 좀 나아졌는지, 의욕이 좀 생겼는지. 그런데 막상 아들 목소리를 들으니 할 말이 없다.

"점심 먹었어?"

"응."

"뭐 먹었어?"

"햄버거."

"집에 와서 저녁 먹을 거지?"

"응…… 응……? 나, 애들이랑 운동하고 갈 건데……"

"그럼 친구들이랑 저녁 먹고 온다고?"

"아니…… 그건……"

"엄마가 월남쌈도 해줄 수 있고 국수도 해줄 수 있는데…… 장 봐왔어."

"어…… 응…… 알았어…… 집에 가서 저녁 먹을게."

아들은 서둘러서 전화를 끊는다. 끊고 나니 완전 밥순이도 이런 밥순이가 없다, 처음부터 끝까지 먹는 얘기만 하다니 듣는 사람 지겨울 만도 하다. 장본 것을 정리해서 냉장고에 넣었다. 넣으면서 생각이 달라졌다. 슬그머니 귀찮아졌다. 아들 목소리가 활기차고 친구들이랑 잘 어울려 노는 것을 보니 다시 공부할 기운도 벌써 났을 것이란 확신이 생긴다. 햄버거 먹고 라면 먹고 다녀도 문제 없을 것 같다. 그리고 나도 할 일이 너무 많다. 저 재료들을 다 손질해서 뭔가를 만들다가는 지쳐버리고 말 것이다! 날마다 어리석은 인생이다. 그럼에도 불구하고 뭔가 무척 안심이 된다. 자식이 뭔지!

68

진짜! 재밌다!

"인셉션이 무슨 뜻이야?"

〈인셉션〉이라는 영화가 진짜 재밌다고 애들이 그러더라는 아들에게 물었다.

"원래는 시작 뭐 그런 건데, 꼭 그런 건 아닌 거 같고……"

영화 내용과 낱말을 뜻 사이를 가늠해보던 이 녀석이 엉뚱하게 말을 맺는다.

"엄마야, 뭐…… 또 헐리우드 영화라고 뭐라고 그러겠지."

이상하게 그 말 한마디에 관심을 두었던 영화였다. 지난 주말, 학원-집-독서실을 오락가락하는 전형적인 고3 아들에게 밥상을 차려주면서 물었다.

"야! 너, 학원 갔다 와서 한 시간만 공부 열심히 하고 두 시간 놀면 큰일나니?"

무슨 일을 시킬 건가 걱정되는지 살짝 방어자세로 나온다.

"아니…… 왜?"

"인셉션 말이야, 밤 12시에 하더라. 그거 보고 들어와서 바로 자고, 일요일이니까 여덟시에 일어나서 바로 공부하면 괜찮지 않을까?"

가끔씩 한눈을 확실하게 팔아주면 오히려 정신에 탄력이 생긴다는 판단에, 그러나 그보다는, 영화는 궁금하고 혼자 가기는 싫어서 해본 말이었다. 녀석이 비실비실 웃었다.

"애들은 엄마 몰래 보고 오던데, 우리 집은 엄마가 영화 보러 가자고 꼬시네?"

〈인셉션〉. 그렇게 해서 본 영화였다. 남의 꿈속으로 들어가서 생각을 훔친다는, 가상현실을 다룬 영화다. 무의식의 힘에 대해 정신분석학적으로 성찰해볼 만한 여지도 없지는 않다. 그러나 물론 이 '헐리우드' 영화는 생각 따위는 허용하지 않는다. 숨막히게 재미있다. 꿈속의, 꿈속의, 꿈을 넘나들면서 벌어지는 생명을 건 추격전과 화려하게 펼쳐지는 스펙터클이며 쾅쾅 울리는 음향효과에 이르기까지 한순간도 긴장을 늦추지 말고 몰입해야 내용을 따라갈 수 있다.

밤 12시, 빈 자리 하나 없이 좌석이 꽉 찼다. 물론 젊음의 축제 분위기이고, 나처럼 머리가 허연 아줌마도 우리 아들처럼 엄마랑 온 미성년자도 없는 거 같았다. 복잡하긴 하지만 특별한 분석도 해석도 요구하지 않는 영화라 편안히 봤는데 영화가 끝나고도 화면에서 쉽게 놓여나지 못한 아들이 딱 한마디 한다. "진짜!! 재밌다!" 그러더니 집에 오는 내내, 어디까지가 꿈이고 이 꿈에서 저 꿈으로 넘어간 게 어떻게 된 일인지, 어느 부분을 자신이 이해를 못한 건지 따지고 있다. 아, 애들의 생각이란 저런 거구나. 복잡한 이야기지만 나는 신기하게도 아들의 질문에 시원시원하게 대답해서 녀석을 감탄하게 했다.

이상한 일이었다. 거꾸로 되었어야 마땅하다. 아들은 훤히 다 아는 얘기고 나는 낯설고 이해를 못해서 질문이 많아졌어야 했다. 그런데 그렇지가 않은 것이다. 사실 단순한 구조가 반복되는 거고 감독은 인간의 무의식이나 현실 혹은 행복 문제에 대해서 근본적인 물음을 제기하지 않는다. 사람을 불편하게 할 생각 따위는 없는 것이다. 해피엔딩이었다. 빠져들면서 봤지만 영화관을 나서면서 벌써 그 영화를 잊을 수 있는 것은 그 때문일 것이다. 그러면서도 거의 자동적으로 아들의 질문에 대답할 수 있었던 것은 그만큼 뭔가가 뻔하기 때문일 것이다. 그럼에도 불구하고 감독의 재능에 감탄할 만한 작품이었다.

리얼리즘의 시대가 간 지 오래이긴 하지만 이제 현실에서는 더 이상 할 얘기가 없는 걸까, 영화건 (아동, 청소년) 소설이건 다들 가상현실에 대해서 얘기한다…… 하긴 트위터니 스마트폰이니 하면서 삶이 온라인으로 들어가버리는 것 같은 오늘날, 어느 게 진짜 현실인지 헷갈릴 법도 하다. 그런데 아들은 나와는 달랐다. 이 영화를 본 다음부터 꿈을 많이 꾼다고 했고, 꿈에서 일어난 이야기를 주절주절 말하기도 했다. 이야기를 시켜놓고는 들으면서 나는 딴생각을 한다. 말이 안 되는 얘기들이다. 당연하다. 꿈이니까. 그러고 보니…… 아들은 영화 속에 빠져들어, 감독의 주문대로 그야말로 현실과 가상현실 사이를 헤맨 것이고 나는 한순간도 현실에서 벗어나지 않은 것이다! 다른 세대에 속한다는 건 다른 세상을 산다는 뜻인 모양이다. 다른 세상 사람을 이해할 수 있다고 생각하는 건 아무래도 무리일 것이다.

69

예습 불가능한 엄마 노릇

"쉿! 조용히!!" 이건 어이없게도 우리 아들이 나한테 자주 날리는 대사다. 상황은 이렇다. 이 녀석은 집에 들어오면서 교복을 벗어서 부엌 의자에 아무렇게나 걸쳐놓고는 고대로 소파에 가서 드러눕는다. 물론 조금 있다 일어나서 공부할 생각이다. 그러나 실제로 공부하러 일어나는 적은 없고 그대로 아침까지 자느냐 아니면 중간에 일어나서 방에 들어가서 자느냐의 차이가 있을 뿐이다. 현명한 나는 공부하라는 소리는 안 한다. 다만 발 씻고 양치하고 자라고 한다. 물론 아들 녀석은 내 말을 건성으로 듣는다. 그러다 나는 약이 오르고 결국 소리가 높아진다. 바로 그럴 때 아들 녀석의 대사가 "조용히 좀 해!" 그래도 시끄러우면 눈도 안 뜨고 손가락을 입에 갖다 대면서 "쉿!" 이런다. 이쯤 되면 나도 야단이고 뭐고 포기한다. 다음 날 아침이면 자기가 한 말에 자기가 제일 어이없어한다.

"진짜? 아…… 잠잘 때는 내가, 내가 아닌 거 같아."

배려심도 많고 예의도 깍듯한 녀석한테 할 소리가 아니긴 아니지만 이 녀석은 사실 엄마를 비서 내지 운전기사 정도로 생각하는 거 같다. 엊그제였다. 데리러 가기로 했는데 문자가 온다. 친구도 같이 태워다줘야 한다는 거다. 몇 번 해봤는데 친구를 집까지 데려다주고 돌아오면 40분 정도가 더 걸린다. 그 밤에 40분은 나도 지친다…… 우리 집 앞에서 버스 태워 보내기로 타협했다. 두 녀석을 태우고 오면서 들은 말이다. 여학생인데도 이 녀석은 엄마가 데리러 오지 않는다. 심지어 아침에 스쿨버스를 놓치면 혼자서 지하철을 타고 헐레벌떡 가야 한단다. 그래서 그런지 6시 반에 스쿨버스가 오는데 5시에 일어난단다. 그것도 혼자서 자명종 틀어놓고. 우리 아들은 늦잠 자면 자동으로 내가 데려다주는 줄 아는데 그 집이 부러웠다. 이성적인 엄마도 부럽고 똑 부러지게 교육이 된 딸도 부러웠다. 제대로 훈련을 못 시킨 우리 아들이 순간적으로 한심해 보였다. 그러나 다음 순간, 열여덟 해를 키우면서 애를 지금처럼 보살펴준 적이 없으니 지금이라도 충분히 보살펴주지 않으면 이다음에라도 누가 고생해도 더 할지 모른다는 생각이 든다.

애들은 자고로 애기 짓을 하고 커야 되는 거 같다. 애 둘을 다 키워놓고 나서야 그런 걸 알게 되다니…… 이제라도 알게 되어서 다행이다. 애들이 내 곁을 다 떠나기 전에 충분히 품어줘야 한다. 정말이지 엄마라는 직업만큼 예습이 필요한 것도 없는 것 같은데 변변한 개론서 하나 없다!

70

10시까지 데리러 와줄 수 있음?

아들이 힘들어 보인다. 매일 먹으려고 하던 고기도 끊겠다고 하고, 뭘 차려줘도 먹는 양이 눈에 띄게 줄었다. 책상에 엎드려 있는 때가 잦고, 짜증도 부쩍 늘었다. 잠도 엄청 늘어서 지난 중간고사 때는 12시간도 더 잤다. 시험기간 내내 공부하는 모습이 보이지 않았다. 말로만 듣던 고3 스트레스라는 게 이런 건가 보다. 아들의 슬럼프는 내 계산 속에 없었다. 왜 아들이 무난하게 입시지옥을 통과하리라고 생각했었는지 모르겠다. 엊저녁 도서전 첫날을 복잡하게 치르고 오늘로 닥친 불확실한 일을 해결하느라 긴장한 가운데 쉴 방법을 찾지 못해 헬스장에 갔다. 겨우 옷 갈아입고 준비운동 삼아 자전거 페달을 돌린 지 한 15분이나 되었을까? 아들에게 문자가 왔다. '10시까지 데리러 와줄 수 있음?'

열 시까지라…… 35분 후였다. 그건 좀 심했다. 바로 전화를 걸었다. 운동하러 왔으니 빨리 가도 한 시간 남짓은 걸리겠다고 말하고 끊었지만 이 녀석 목소리가 피곤에 절었다. 이런 적은 없었다. 바로 샤워하고 간식거리를 사들고 학교로 차를 몰고 갔다. 친구랑 같이 태우고 오는데 둘이 이런저런 얘기를 한다.

"난 무슨 트라우마 같은 게 있나 봐, 초등학교 3학년 2학기 이전의 일은 하나도 기억이 나지 않아." 그런 소리를 자주 듣기는 했지만 웃어넘겼다. 애들이 그럴 수도 있지 하면서. 그런데 애를 자세히 관찰하면서 좀 다른 생각이 들었다. 그때는 정확하게 내가 이 녀석을 창원의 이모 집으로 '유학' 보내고 프랑스로 떠났던 때다. 지나치리만큼 내성적이던 아이가 학교에서 받은 통지표에는 산만하다고 써있었고, 선생님은 애가 고집이 너무 세다고 힘들어하셨다는 제 이모의 말을 듣고 어리둥절했던 기억이 있다. 성적표의 '산만'은 이 녀석도 기억을 하는 모양이다. 왜 그랬냐고 물었더니 다른 건 기억 안 나고 '산만'이 무슨 말인지 몰라서 친구한테 물었더니 '공부하다가, 친구랑 얘기하다가, 코 후비다가 그러는 거'라고 해서 엄청 충격 받았단다.

그때만 떠올리면 마음이 안 좋다.

"엄마가 너를 떼어놓고 간 게 충격이었나 봐."

다 컸으니 해본 말인데, "그랬나……" 하는 대답을 들으니 더 그렇다.

아이들은 안정과 사랑 속에서 자라야 하는 게 맞는 거 같다. 부모가 아닌 다른 사람의 사랑 속에서도 자랄 수 있다고 생각했지만 그게 아닌가 보다. 부모와의 관계 형성이 중요하고 교육을 책임지는 사람이 처음부터 끝까지 아이와 함께하는 게 중요한 거 같다. 그냥 내버려둬도 잘 자라는 아이들이 많다고 하지만 그것도 다 그 부모가 할 탓인가 보다. 후회할 수도 돌이킬 수도 없지만 애들한테 미안한 마음만은 어쩔 수가 없다. 사는 게 뭔지…… 성공이나 성취 같은 것에 별 관심이 없었는데도 일에 매달리지 않으면 살 수가 없었다. 인생이 막막하고 절박하던 30대였다. 이렇게 살아라, 저렇게 살아야 한다던 교과서 안팎의 지침들을 무시한 대가였나 보다.

71

도시락을 쌌다

"엄마 왜 요새는 샌드위치 안 싸줘?"

"으응? 그렇네……"

"에이, 애정이 식었어!"

큰 녀석이 외고입시 준비를 할 무렵, 학교 갔다, 학원 갔다 밤 11시나 되어 들어오니 집에서 밥을 먹을 시간이 없었다. 공부도 좋지만 저러다가 몸 버리겠다 싶어서 속이 상했다. 학원에서는 학부형들이 돌아가면서 한번씩 '쏴서' 햄버거나 피자 혹은 김밥이나 한솥밥 도시락을 시켜먹는다고 했다. 햄버거나 피자가 몸에 좋을 리도 없지만 김밥이나 한솥밥 도시락에 세균이 우글거린다는 보도를 본 적이 있어서 께름칙했다. 엄마들은 도대체 왜 도시락을 싸주지 않는 거지? "어머님들이 바쁘시잖아요……" 상담교사는 이렇게 말했다. 나는 이해가 되지 않았다. 애들 밥 먹이는 것도 엄마들의 바쁜 프로그램 중에 중요한 항목 아닌가?

입학을 하고 나서도 마찬가지였다. 야간자율학습을 10시까지 의무적으로 하는데 저녁밥은 4시 반에 먹는다고 했다. 아이 말을 들어보니 한창 자라느라 그런지, 점심시간이 되기 전에 이미 간식을 먹고 저녁식사 후에 또 간식을 먹는다고 했다. 그러니 하루 종일 외식을 하는 셈이었다. 안 되겠다 싶어서 샌드위치나 김밥을 싸주기 시작했다. 새벽에 일어나서 0교시 수업에 맞춰 등교하고 밤 11시가 되어야 들어오는 아이에 적응이 되지 않아서 15년째 먹이던 콘플레이크를 중단하고 아침부터 밥을 챙겨먹였다. 입학하고 한 달은 꼬박 그런 것 같다.

늦게 자고 깊이 잠들지 못하는 나는 이 아이 '밥' 땜에 하루 종일 정신을 못 차릴 정도로 피곤했다. 그런데 아무도 먹을 걸 싸오는 아이는 없다고 했다. 혼자 먹기 어색할까 봐 항상 친구들과 나누어먹을 만큼 넉넉히 싸주었다. 그 결과, 나는 금세 '정성이 지극한 놀라운 엄마'가 되었다. 실제로는 집에서 일주일에 한 번도 밥을 제대로 해주는 적이 없는 나의 진면목을 아는 우리 딸은 친구들한테 제 엄마 칭찬받는 재미에 자기는 정작 별로 먹지 못한 채 애들 다 나눠주고 나서 여전히 '외식'을 계속했다.

뭐든지 적응이 되게 마련인가 보다. 시간이 흐르니, 다들 그러고 산다는데 괜찮겠지 싶고, 새벽밥을 해주는 것도 샌드위치를 싸는 것도 귀찮아지기 시작해서 슬그머니 그만둬 버렸다. 그래도 군소리 없이 잘 다니더니 갑자기 샌드위치 생각이 나는지 '애정이 식었다'고 이렇게 군소리를 하는 거다. 애는 삐친 척했지만 나는, 그래도 애가 도시락 싸준 게 '애정'인 줄은 알았던 거 같아서 흐뭇하다. 사랑받고 있다는 느낌은 아이에게든 어른에게든 확실히 자신감을 심어주니까.

우리 딸이 초등학교 3학년이 되던 해에 처음으로 학교급식이 시작되었다. '엄마의 정보력' 어쩌고 하는 세상에도 내가 유유자적 애를 수월하게도 키우니까 친구들이 아무리 그래도 이제 도시락을 싸야 하면 꼼짝없다면서 내가 고생문에 들어서기를 고대하고 있던 차였다. 정말이지 도시락은 골칫덩어리였다. 매일매일 도시락을 싸야 한다면 아침밥도 안 하는 우리 집 식생활은 전면적으로 손을 봐야 할 터였다. 그런데 딱 급식이 시작되니 정말 나는 행운아라는 생각이 들었다.

그러던 내가 어쩌다가 오늘날까지 도시락을 싸고 있다. 큰애 고등학교 입시준비할 때, 작은 녀석 대학입시, 재수학원 다닐 때, 그리고 이제는 멀쩡한 대학생 딸과 식당 가는 거 안 좋아하는 남편에 이르기까지 자주자주 도시락을 싸준다. 멋진 도시락과는 거리가 멀지만 뭐든 먹게끔 만들어서 싸준다. 매번 감사를 표하는 건 남편뿐이고 딸은 엄마가 싸줬다고 하기 창피해서 자기가 쌌다고 하기 일쑤고, 아들은 다른 엄마들은 모두 사다주는데 엄마만 (촌스럽게) 싸준다고 입이 한 발은 튀어나오곤 했었다. 그러다가 우리 애들 둘 다 엄마표 도시락을 은근히 좋아하게 된 것은 사실 음식 맛 때문이 아니고 친구들의 부러움을 샀기 때문이다. 한창 먹을 나이의 사내 녀석들이 부실한 학교 급식 이후 축구까지 하고 나서 밤 11시까지 버티자면 무엇보다도 육체적으로 힘이 든다. 그걸 아는 엄마들이 돌아가면서 간식을 먹도록 해주자고 했는데 나만 빼고 모든 엄마들이 샌드위치나 피자나 치킨을 시켜줬다. 아이들 사이에서는 어느 브랜드가 맛이 있는지가 화제였다. 그런 와중에 야채썸밥이나 주먹밥 혹은 떡이나 과일 같은 걸 돌리는 엄마를 답답해하던 아들이 친구들의 반응 때문에 말을 싹 바꿨다. "너네 엄마 일하시지 않냐? 대단하시다!"

사실은 자기네들 엄마 10분의 1만큼도 정성을 못 들이는데 겨우 도시락 몇 번 싸주고 졸지에 대단한 엄마가 되다니, 공짜로 뭔가 얻은 것처럼 기분이 꽤 괜찮았다. 비교적 자주 연습했건만 아직도 내 마음에 드는 도시락 하나 못 싸는 실력이지만 나는 도시락 싸는 일을 귀찮아하지 않는다. 설렁설렁 아무렇게나 해서 그러기도 하려니와 음식의 종류와 도시락의 크기, 색깔 등등을 생각하고 그걸 들고 가주는 식구들을 생각하면서 인생에는 내가 전혀 짐작도 할 수 없었던 이런 행복도 있다는 걸 신기해하고 있다.

72

정신 차리면 하겠지, 뭐.

야간자율학습이 끝나고 밤 11시나 되어서 들어오는 큰딸. 그 시간에 들어오면 컴퓨터부터 켠다. 제한 시간이 30분인데도 그 시간에 바쁘게 악보 다운 받고 피아노 치고, 머리 감고 정신이 없다. 애초에 피아노를 가르칠 때 인생 살면서 피곤하고 지칠 때 위로가 되라고 하기는 했지만 바쁜데 너무 열심이다. 새로 다운받는 악보마다 너무 빨리 익히고는 또다시 새로운 악보를 찾는 걸 보면 좀 미안하기도 하다. 저렇게 좋아하는데 순전히 내 사정으로 6개월씩 이모 집으로 할머니 집으로 옮겨서 키우느라 레슨도 제대로 못 시키고……

오늘은 문자가 왔다. '비창 1,2,3 악장과 월광 소나타 2,3 악장 CD 사주실수 있어요?(둘다 베토벤꺼)' 내가 워낙 음악에 무식하기는 하지만 설마 베토벤도 모를까 봐…… 그래도 내심 놀랍다. 드디어 클래식 음악까지…… 비창은 좀 어렵지 않을까? 틈만 나면 피아노 앞에 앉는 아이한테, 야, 공부를 그렇게 좀 해봐라! 했다. 전혀 주눅 안 들고 곧바로 대답이 돌아온다.

"하고 싶으면 다 하게 되어있다고. 공부도 정신 차리면 하겠지, 뭐."

말이나 못하면! 맞는 말인 줄은 알지만 그냥 듣고 있을 수는 없다.

"당연히 그렇겠지. 근데 고3 돼서 정신 차리면 아마 늦을걸?"

그래도 애는 끄떡 안 한다. 엄마 말도 맞으니 할 말이 없는지 메롱! 하고 제 방으로 쏙 들어가 버린다.

아무리 외고지만 성적이 바닥인데도 전혀 주눅 안 들고 한 반 35명 중 34명을 왕따시키면서 살고 있다는 게 딸아이 친구 녀석의 말이다. 적응 못하고 학교 안 다니겠다고 우는 것보다 나으니까 보고는 있는데 솔직히 걱정된다. 벌써부터 "넌 대학 안 가도 잘살 것 같다"라며 친구들의 부러움을 한 몸에 받고 있다는데 더 걱정이 된다. 공공연히 대학에 안(못) 가는 아이로 분류되고 있다는 뜻일 테니까!

진짜로 이 아이는 제가 정신 차리면 공부를 한다. 다만, 기나긴 초등학교부터 대학교까지 졸업하려면 최소한 16년은 걸리니까 시험을 치는 횟수만 단순 계산해도 엄청난데 이 아이 계산법은 나와는 영판 다른지 정신을 아주 가끔만 차린다는 문제가 있을 뿐이다. 애가 공부를 안 하면 엄마는 애가 탄다. 뭐가 어떻게 되는지도 잘 모르니 뭘 해라, 말아라 할 수도 없다. 그래서 걱정도 무식하게 하고, 야단도 말도 안 되게 치곤 한다. 그러니 머리가 다 큰 애는 엄마 말을 점점 더 안 들었던 걸까.

73

엄만 왜 그렇게 못하는 게 많아?

토요일 오후, 해가 따뜻하게 드는 거실에서 큰애가 퍼즐 조각을 맞추고 있다. 1000피스짜리란다. 갑자기 웬 퍼즐이지, 생각하고 있는데 애가 말을 건다.

"엄마, 이것 좀 도와줄래?"

"엄만, 그런 거 못해."

"에이, 그런 게 어딨어?"

"진짜야. 도움이 되기는커녕 방해만 될걸?"

퍼즐이라니. 20피스짜리라면 모를까, 내게는 퀴즈나 퍼즐이나 게임이나 다 같이 거의 요술처럼 이해할 수 없는 것들이다. 아이는 드디어 포기를 하고 말을 바꾼다.

"엄만 왜 그렇게 못하는 게 많아?"

"그러게…… 넌, 왜 그렇게 잘하는 게 많아?"

"음, 나야, 뭐 그렇게 타고 났지!"

이 아이 특유의 장난기. 농담이라도 자신감이 보기 좋다.

"그런가 보네…… 나도 그렇게 타고 났지, 뭐."

"노력을 좀 해야지!"

"뭘?"

"잘 놀려면 노력을 좀 해야 한다고!"

"그렇겠네…… 근데 내 머릿속엔 할 일이 언제나 줄을 서 있단 말이야. 순서대로 해야지."

성실하게 대답했건만 아이는 이미 내 말을 듣고 있지 않았다. 1000피스짜리 퍼즐은 '자신 있는' 아이에게도 쉬운 일이 아닌 모양이다. 그제야 13,000원이나 주고 샀다는 그 퍼즐을 가서 들여다보았다. 제법 인쇄가 깔끔한 고흐의 그림이다. 예의 그 고흐의 별이 빛나는 하늘 한 조각이 있고, 노란 차양이 드리워진 카페가 있는 그 그림.

"왜 갑자기 고흐야?"

"그냥. 난 이 그림이 좋아"

열여섯 살짜리 아이의 머릿속에 뭐가 들었는지 짐작하는 건 원래 어렵지만 그래도 뜬금없다. 『7인 7색』, 『단테 클럽』, 『마주치다, 눈뜨다』, 『서태후』…… 요즘 이 아이가 읽은 책을 되짚어보고 있는데 아이는 싫증이 났는지 퍼즐 조각을 그대로 늘어놓은 채 제 방으로 들어가서 피아노를 친다. 새로 연습을 시작한 곡인지 뚱땅거리는 소리가 영 서툴다. 아직 음악이 되지 못한 그 서투른 소리가 꽤 오래 계속되는 동안, 악보에 열중하느라 잔뜩 심각해있을 아이의 옆얼굴이 떠오른다. 차갑고 단호한, 이제 아이의 것이라고 여겨지지 않는 딸의 얼굴. 그래도 피곤하면 안아달라고 하고, 가끔이지만 내게 놀자고 조르고, 어리광도 부리는 게 고맙다는 생각이 든다.

정말 이랬던 때가 있었구나 싶다. 글자를 익히면서 책을 읽기 시작한 아이는 이렇게 입시 막바지까지도 책을 읽었다. 모르는 사람들은 독해력을 부러워했다. 하긴, 정신만 차리면 공부를 하고, 공부를 하면 좋은 성과를 내는 게 핵심을 파악하는 능력과 관계가 있는 거 같지만 그래도 나는 책을 많이 읽으면 공부하는 데 도움이 된다는 의견에 갸우뚱하는 편이다. 책을 많이 읽으면 머리가 복잡해서, 적어도 입시 같은 공부를 하는 데는 상당히 방해가 되기도 하기 때문이다!

74

생일선물

얼마 후면 애들 생일이다. 애들이 하나는 12월 말에 하나는 1월 초에 태어나 크리스마스랑 설에 묻혀 선물 같은 걸 따로 해주지 못하고 매번 지나갔다. 게다가 방학 때라 친구들한테도 축하 받지 못하고. 근데 올해부터는 12월 31에 방학을 한다니 적어도 큰애는 친구들이랑 생일 파티를 하게 되는 모양이다. 이것저것 챙기고 잔소리를 시작한다. 어제는 드디어 생일선물로 받고 싶다는 물건을 메모해서 식탁에 올려놓는다.

보온보냉이 되는 컵: 텀블러래요~ starbucks 에 있음. 이거 있으면 커피 할인돼요; 여튼 꼭 필요함. 뚜껑도 있음. \25,000
손난로 \25,000~35,000 교보, 아트박스 안에 있음!

적어놓은 거 보니 이쁘기는 한데 맘에 안 든다. 애들이 무슨 스타벅스 가서 커피 마실 일이 있으며, 그런 컵이라면 어디선가 사은품으로 준 것도 뒤져보면 있을 것이다. 손난로도 그렇다. 강당에서 밴드 연습할 때 너무 추워서 필요하다는 건데, 추우면 손 비벼가며 고생하고 구박과 설움 속에서(학교에서 밴드부가 워낙 찬밥 신세라고 한다) 크는 거지, 뭔 손난로람. 게다가 고등학생이 되더니 은근슬쩍 단위가 높아졌다. 작년까지만 해도 10,000원짜리 물건 사달라고 할 때도 눈치를 보더니……

생일선물을 이번에는 꼭 해줄 마음은 있었다. 지구본을 사줄까 했었다. 어렸을 때부터 아이가 갖고 싶어하던 물건이었는데 예쁜 게 없어서 안 사고 있었다. 근데 요즘 교보에서 맘에 드는 걸 봤다. 텀블러랑 손난로를 합친 가격쯤 되지만 그래도 이게 훨씬 나은 거 같다. 망설이다가 애한테 물었더니, 어? 지구본도 갖고 싶은데…… 그치만 손난로는 필요한 물건이고 지구본은 필요한 건 아니니까! 한다. 딱 부러지는 대답이 왠지 얄미워서 손난로가 뭐가 필요하냐고 볼멘소리를 했다가 본전도 못 찾았다. 사주지 않을 거면 미리 말씀하시라고. 자기 돈으로 사겠다나.

여전히 고민 중이다. 내 생각대로 지구본을 살 것인가, 애가 원하는 손난로나 텀블러를 살 것인가. 선물이라는 건, 받는 사람이 가장 좋아할 걸 하는 게 맞는 거 같은데 돌아보니 애한테 항상 실용적이고 필요한 것들만 사준 거 같다. 그런데도 애는 검소는커녕 이렇게 '사치스럽게' 큰다. 역시 모든 교육적 의도는 그 반대의 결과를 낳는 모양이다. 부모 교육대로 크는 애들도 있던데, 그런 부모는 도대체 얼마나 훌륭한 걸까?

공연 연습하느라고 정말 추웠을 것 같다. 번듯한 유관순기념관에서 발표가 있던 날, 정말 추웠다. 중간에 집에 가고 싶을 정도였는데 우리 딸이 무대에 나오는 걸 보고 오려고 발을 동동 구르면서 참던 기억이 난다. 요새같이 난방시설이 좋은데 무슨 손난로냐 싶었는데 그게 아니었던 모양이다.

엊그제 읽은 프랑스 청소년소설 한 대목이 생각난다. 생일선물을 사려고 엄마 아빠와 마트에 간 아이가, '필요한' 물건을 사주는 걸 과연 선물이라고 할 수 있나 생각하는 부분. 필요하니까 언제건 사게 될 텐데 그걸 하필 생일날에 맞춰서 사면서 '선물'이라고 하는 걸 마뜩찮아하는 아이 이야기였다. 우리 딸이 어렸을 때는 운동화를 생일선물로 사줘도 머리맡에 두고 잘 정도로 좋아했었고, 초등학교 들어가면 가방 사달라는 게 큰 기대였는데 요새 웬만한 선물로는 아이들을 기쁘게 하기 힘들다. 역시 가진 것보다 부족한 게 많아야 행복이 들어설 자리가 있는 거다.

75

아이들은 의외로 소심하다

어제 밤늦게 들어오니, 한발 먼저 들어온 딸이 영수증 하나를 내민다. 45,000원. 교복 가디건 값이다. 하루 종일 학교에 앉아있으니 힘들다고 이 학교는 정장 윗도리 대신 니트로 된 가디건을 입게 한다. 거기까지는 좋은데 덜렁거리는 우리 딸, 체육복 바지도 잃어버리고 드디어 가디건까지 잃어버렸다. 하도 뭘 잘 잃어버려서 언제부터인가 극약처방을 내렸다. "뭐 잃어버리면 엄마한테 말하지 말고 네가 알아서 해!" 그랬더니 체육복은 다른 반 친구들한테 빌려입는 모양이다. 그러나 날도 추운데 코트 밑에 입을 가디건은 어찌해볼 도리가 없는지 제 돈으로 살 테니 좀 보태달라는 문자가 낮에 왔었다. 예상보다 비싸서 완전적자라나.

"그래, 엄마가 얼마 보태주면 좋겠니?"

아이는 고민에 빠진다. 몇 번의 질문 끝에 "이만 원" 해놓고 눈치를 본다. 속으로 슬며시 웃음이 난다. 50%도 안 된다. 짐짓 인상 쓰고 있다가 호기롭게 지갑을 열어 만 원짜리 세 장을 꺼내주자 아이가 미안하고 행복해서 어쩔 줄 모른다. 잠시 동안의 그 표정을 보는 게 너무 즐겁다. 돈을 제 방에 가져다 놓고 와서 재잘재잘 떠든다. "엄마, 오늘 성격검사 했는데……" 이러면서.

우리 애들은 떼쓸 줄 모르고 소심하다. 둘째는 허구한 날 핸드폰으로 전화를 해서는 "~ 해도 돼?" 한다. 그중 1위가 "친구랑 놀아도 돼?"다. 친구랑 놀아서 안 될 리가 있나. 근데도 매번 그렇게 묻는다. 몇 시간을 놀아도 되는지 묻는 거다. 하는 일도 별로 없고 어차피 남는 시간, 혼자 있기 싫어서도 웬만한 애들 같으면 온종일 논다고 떼를 쓸 텐데 이 녀석은 늘 이런다. "몇 시까지 놀 건데?"라고 물으면 주춤주춤 망설이다가 혼나지 않을까 겁먹은 목소리로 "음…… 한 시간…… 반!" 한다. 나는 한 시간 반도 못되게 놀 수 있다고 생각도 하지 않는데 말이다. 애 둘이 다 이렇게 소심한 게 너무 엄격하게 키운 탓인가 반성하는데 애들은 내 '허락' 내지는 '인심'에 매번 아주 행복해한다. 자주 "감사합니다~"까지 곁들여서.

흘리고 잃어버리고 정리 못하던 딸아이. 스물다섯이 넘은 아직도 그런다. 아니, 소지품은 점점 더 많아지고, 내가 간섭할 수 있는 건 더 적어진 지금은 어디서부터 어떻게 해야 할지 대책이 안 서게 난감한 수준으로 방을 뒤죽박죽으로 만들어놓고 다닌다. 아무리 창의적인 사람의 책상이 어지럽다지만, 아무리 봐도 이건 단순 무질서의 집적일 뿐이다. 이건 분명 문제인 것 같아서 고민을 털어놓으니 어떤 친구가 그랬다. 정리도 가르쳐야지 가르치지 않고 혼자 하라고 하면 아이가 어떻게 하느냐는 것이다. 과연 그렇겠구나 싶었다.

유아 시절, 맘껏 어지르고 놀게 해준 것까지는 좋았는데 치우라고만 했지, 정리의 기본인 분류하는 방법이라든지 분류한 물건들을 나누어 담을 공간도 마련해주지 않았던 것이다. 게다가 안방과 거실은 물론 현관에서 욕실 입구까지 쌓인 책들은 아이 눈에 결코 '제자리'에 있는 것처럼 보이지 않았을 듯도 하다. 집에 들어차는 책들 때문에 한동안은 나도 정리할 수 없고 깔끔해질 수 없는 집 안에 절망했었다. 애들은 우리 집도 '멋진 인테리어'를 하면 좋겠다면서 엉뚱한 소리를 하곤 했다. 그러나 연구실과 집을 분리해놓은 요즘은 집에 책이 없으니 영 허전하고 이상하다고 한다. 아닌 게 아니라 나도 그렇다.

76

세 가지 직업

모의고사다 실력고사다 하면서 시험을 보기 시작한 큰애가 곁에 와서 한숨을 포옥 내쉰다. 배도 아프다고 한다. 분명 성적 때문에 스트레스가 쌓이는 거다. 성적은 나몰라라 하던 아이라 나는 부러 칭찬을 해준다.

"그래도 잘하고 싶은 생각이 있으니까 스트레스를 받는 거잖아. 관심이 없던 때보다는 훨씬 나은걸?"

아이는 칭찬을 받으니 위로가 되는 모양이다.

"엄마, 난 커서 뭘 해야 좋을지 모르겠어."

그러게…… 지금은 몰라도 된다고, 문과 이과 정도만 결정하고 대학에 들어가서 생각해도 늦지 않다고 말해줘도 애는 안심을 못한다. 겨우 17살에 목표가 뚜렷해서 뭐하나? 방향전환을 거듭해온 내 인생을 생각하면 앞으로 적어도 17년은 더 헤매도 될 것 같다. 여러 번 그렇게 말해주었지만 별로 설득력이 없는 거 같아서 이번엔 다른 소리를 해보았다.

"너, 어렸을 때 생각 안 나? 한 가지 직업만 하고 사는 건 너무 재미없을 거 같다며! 적어도 세 가지는 하겠다더니……"

"엉? 내가 그랬어?"

"그래, 연예인, 책방주인, 작가, 이렇게 세 개 한다며. 기가 막혔지만 그것도 나름대로 말이 되는 거 같아서 그래 보라고 했지. 연예인이야 어차피 잠시 인기 누리는 직업이고, 돈 좀 벌어서 책방 열고, 책방 주인은 시간 많으니까 그간의 경험을 살려서 소설 쓰고…… 말 되잖아?"

애는 자기가 생각해도 황당한지 비시시 웃는다. 지금은 하고 싶은 직업 세 가지가 아니라 하기 싫은 직업 세 가지가 뚜렷해졌다. 교수, 편집자, 작가. 바로 옆에서 보는 직업들이다. 입맛이 쓰다. 글쎄 가위표라도 칠 수 있으면 아무 생각 없는 거보다는 나은 걸까?

뭘 하고 싶은지 모르는 건 대학 졸업을 맞은 지금도 마찬가지다. 괜찮아 보이는 게 많은 거 같기도 하고, 하고 싶은 게 하나도 없기도 하다면서 스트레스가 쌓일 대로 쌓이는 모양이다. 재미있어 보인다는 건 여러 가지더니만 정작 싸트(SSAT, 삼성그룹 채용시험 이름이란다. 깜짝 놀랐다. 세상에 이런 게 있다니!) 시험을 본단다. 나는 이렇게 말해줬다. "너,

대기업에 들어가면 뭐하는지 알아? 자기가 무슨 일을 하는지도 모를걸. 아무 데나 들어가도 다 마찬가지야."

애가 허영심에 그러는 줄 알고 말해봤더니 안다면서 피식 웃었다. 진짜 아는 거 같았다. 이유는 한 가지였다. 무조건 대기업 취직시험에 붙어보고 싶단다. 취미도 참 이상하다 싶었고, 학벌에서 벌써 밀린다면서도 그 어렵다는 취직이 왜 될 거라고 생각하는지 모르겠다. 고대생 김예슬 사건도 생각나고 88만원 세대의 우석훈도 생각났다. 그래도 녀석의 옆얼굴은 단호했다. 그 얼굴을 보고 나는 뭔가 이해가 되는 듯했다. 아, 이건 꼭 해야 되는 일이구나 싶었다. 그러더니 이 아이, 진짜 열심히 한다. 밤을 새고 서류를 준비하고 거의 수능시험 수준의 수학공부도 하고, 채용설명회다 뭐다 쫓아다니기도 한다. 신기하다. 저렇게 능동적으로 움직이는 걸 본 지가 도대체 얼마 만인지 모르겠다.

나는 다시 도시락을 싸기 시작했다. 오늘은 토마토와 청포도와 귤을 넣은 과일 도시락을 싸줬다. 내일은 초콜릿 쿠키와 딸기와 키위를 싸줘야겠다.

77

공군사관학교

컨디션이 좋지 않아 하루 종일 가라앉고 그래서 생각에 자꾸 침전물이 생긴다. 마음의 찌꺼기들을 바라보고 있는데 딸한테서 문자가 날아온다. "엄마나비염이나간염하나도없지??" "응, 없어." "시민간항공사로갈수있음ㅎㅎ" "뭔소리?" "공군사관학교!"

그제야 어제부터 공군사관학교로 진학해서 비행기 조종을 하겠다던 생각이 났다. 하루 지나면 또 변덕이려니, 하고 그래, 잘 알아봐라, 하고 대꾸했던 기억이 났지만 뭐라고 해야 할지 몰라서 약간 난감한 기분이 드는데 바로 문자가 자꾸 날아온다. "공사입학후드는비용일체국비로/입학시전원노트북과매달품위유지비지급/졸업후5년근무"

조금 있으면 중간고사다. 아마도 시험스트레스 때문에 성적 계산해보고 좀 쉽게 갈 수 있는 학교를 찾은 걸까? 저렇게 조건이 좋은 걸 보면 지원자가 별로 없는지도 모른다. 공부를 좀 할 것이지…… 그러나 공부하라고 잔소리 해봐야 스트레스만 더 쌓이지 할 리가 없고 따라서 성적이 뛸 리가 없다. 그냥 좀 받아주기로 했다.

"그럼 난 비행기 공짜로 타나? 외국 갈 일 많을 거 같은데……"

"딸이조종사면가족도뭐특혜가있나?음근데시력이문제ㅠㅠ간당간당"

흠, 이번엔 또 눈 때문에 다시 생각해보겠군. 몇 번째인지 모른다. 엉뚱한(?) 직업을 골라서 노선변경하는 게. 중간고사만 지나면 잊어버리겠지만 다시 또 한 일주일은 뭐가 돼야 할지 모르겠다고 날마다 투덜댈 것이다.

나도 모르겠고 궁금하기도 하다. 뻥튀기라도 해서 애가 빨리 컸으면 좋겠다.

공군사관학교 사건은 내 생각보다 오래 갔었다. 여러 가지 계산해보더니 문제는 시력밖에 없다는 판단이 나온 후로 이 아이는 당근을 챙겨먹기 시작했다. 여러 가지로 황당한 녀석이었다. 당근을 먹는다고 시력이 좋아질 리는 없으니 알아서 포기할 거고 당근이 건강에 좋으니 냅뒀더니 매일 당근을 학교에 싸가지고 다녔다. 아니 그 이상이었던 것 같다.

"아줌마, 의진이 이상해요. 급식에 나온, 애들이 안 먹는 당근을 의진이가 다 먹어요!"

이런 소리까지 애들한테 들었던 걸 보면. 내가 관심 없는 동안 얼마나 노력을 했는지 안과에 가보자고 졸라서 갔다가 의사도 황당해했다. 시력이 조금 좋아진 거였다! 그렇지만 공군사관학교에서 원하는 기준에는 미치지 못했다. 그래서 포기했는지 변덕이 났는지 모를 일이지만 지금으로서는 공군사관학교도 괜찮은 선택이었겠다 싶다. 특히 대책이 안 서게 정리가 안 되는 걸 볼 때면 아들이 아니라 딸이 군대에 갔다 와야 한다니까! 싶을 때는 더더욱 그렇다. 라식수술 같은 게 있다는 걸 왜 몰랐었는지 후회가 될 지경이다.

78

엄마, 백반 어딨어?

컨디션이 별로다. 늦게 일어나 게으름 피우다 보니 애들 아침을 11시에 먹였다. 대충 설거지 끝내고 점심 준비를 하다가 생각하니까 11시에 일어나서 점심 먹고, 저녁 먹는 건 너무 바쁘고 소화도 안 될 거 같았다. 점심을 한 3-4시 경에 먹고 저녁은 가볍게 간식으로 때우는 것이 나을 것 같다는 결론이 났다. 그러나 아이들은 매우 합리적인 나의 이런 생각에 동의하지 않고 2시에 점심을 먹겠다고 발표했다. 약간 난감했다. 도대체 뭘 해먹는담. 내 마음을 알기라도 하듯 딸아이가 묻는다.

"뭐 해먹을 건데?"

생각하기도 전에 내 입에서 말이 튀어나왔다.

"가정식 백반!"

평소에는 우리 집 식탁은 거의 '일품' 요리 형태이기 때문에 나름 신선한 생각이었다. 아니나 다를까, 아이의 반문이 날아온다.

"그게 뭐야?"

"있어. 이따가 봐."

자신 있게 대답해놓고 냉장고를 뒤지기 시작했다. 상해서 못 먹게 된 음식은 골라서 버리고 먹을 만한 것들은 골라서 가장 예쁜 접시에 가장 많은 가짓수가 되도록 진열해서 상을 차렸다. 밥 먹으러 온 딸아이 눈이 둥그렇다.

"엄마, 백반 어딨어?"

황당했다.

"넌 도대체 뭘 상상했니?"

"비지나 뭐 그런 거……"

작은 녀석이 깔깔 웃는다.

"나도 전에는 백반하면 두부나 그런 게 생각났었는데!"

길게 얘기하면 불리한 건 나뿐이다. 조용히 '가정적'으로 먹고 있는데 물을 한 모금 마시던 딸애가 "엄마, 이거 괜찮은 건가?" 하고 물컵을 내민다. 맛을 보니 약간 이상하다. 그러나 태연하게 "음, 안 마시는 게 좋겠다." 해놓고 물병을 얼른 개수대에 갖다 쏟아버리는 날 보고 작은 녀석이 이런다.

"헐! 난 그 신맛 때문에 보리차를 싫어하는 건데……"

할 말이 없다…… 다행히 큰 녀석이 얼른 화제를 바꾼다.

"집에 책이 많으면 아이들이 공부를 잘한다는 연구보고가 있다는데."

그렇지, 나도 신문에서 읽은 적이 있다. 이어지는 딸아이의 말.

"3,000권이 넘으면 몇 퍼센트 안에 든다더라? 근데 왜 우리 집 애들은 안 그렇지?"

'우리 집 애들'? 남 얘기 하나……? 하지만 뭔가 떳떳지 않아서 큰소리를 칠 수가 없다.

"그러게! 왜 니들은 뭐든지 '예외적'인지 몰라……"

중학생이 되더니 점점 능청스러워지는 아들 녀석이 결론을 낸다.

"평범하게 살면 재미없잖아?"

녀석들은 시험공부한다면서 각자 제 방으로 들어가고 나 혼자 식탁에 남았다. 이렇게 청소형 가정백반을 먹은 날은 설거지가 하나 가득이다.

여태도 나는 여간해서는 반찬 여러 가지 놓는 밥상을 차리지 않는다. 이유는 단순하다. 나물 무치고 국 끓이고 그렇게 손이 많이 가는 음식을 식구들이 원하기 시작하면 대책이 없기 때문이다. 그럭저럭 창의적인 밥상을 차린 세월이 20년이 넘어서 우리 식구들은 아직도 연달아서 계속 밥이며 찌개를 먹는 걸 좋아하지 않고 나는 어떻게 먹든 탄수화물 단백질 비타민 등등을 골고루 섭취할 수 있는 식단을 짠다.

그러다가 정말로 아이들이 '가정식' 백반을 잘 모를까 봐 걱정이 되는데 엊그제는 딸이 자기는 밥상을 한국식으로 제대로 차리는 게 뭔지 모르겠다고 한다. 시집 가면 어떡하나 걱정이 된다고 했다. 시집은커녕 졸업도 아직 못했으면서 항상 저렇게 쓸데도 없는 걱정을 자세하게 한다. 그러나 나도 한두 번 당하는 게 아니다. "그럼 그때 가서 배우면 되지! 엄마랑 책 보고 연습하자" 그랬더니 고개를 끄덕끄덕 한다. 이제 딸이랑 둘이 요리 책을 쓰게 생긴 거 아닌가 모르겠다.

79

지금은 취할 시간

수학 공부하러 들어간 딸애가 뜬금없이 알베르 까뮈의『이방인』과 장 그르니에의『섬』이라는 책을 사다달라고 했다. 공부를 안 하고 있다는 증거다. 하지만 옛기억을 더듬으며 서재를 뒤졌다. 그러다 뜻밖의 것을 건졌다. 정음사에서 나온 500원짜리 '하드커버'로 된 보들레르 시집. 누렇게 바랜 종이, 큼큼한 책 냄새, 드문드문 한자가 섞이고 굼떠 보이는 인쇄…… 이걸 프랑스 사람 '보들레르'가 썼다는 느낌이 들지 않았다. 이렇게나나 점잖은 한국말이라니! 중역시비는 역시 이유 있고, 고전은 다시 번역되어야 한다는 걸 새삼스럽게 실감한다.

빨간색 책갈피 줄이 꽂혀있는 자리를 펴보니 〈파리의 우울〉 편에 실린「취하여라」라는 시다. 나이 먹는다는 건 이런 걸까, 슬며시 웃음이 났다. 겨우 스물두어 살이던 그 시절, 이 시가 무슨 음주면허증이라도 되는 양, 이 시 때문에 마시고, 마시면 이 시를 외우고 그랬던 그 시절, 삶은 왜 그리 절박했던지……

언제나 취해 있어야 한다. 모든 것은 거기에 있다. 그것이 유일한 문제이다. 그대의 어깨를 짓부수고 땅으로 그대 몸을 기울게 하는 저 '시간'의 무서운 짐을 느끼지 않기 위하여, 쉴 새 없이 취해야 한다.

그러나 무엇에? 술이건 시건 또는 덕이건, 무엇에고 그대 좋도록. 그러나 다만 취하여라.
그리고 때때로, 궁전의 섬돌 위에서, 도랑가의 푸른 풀 위에서, 그대 방의 침울한 고독 속에서, 그대가 잠을 깨고, 취기가 벌써 줄어지고 사라져가거들랑, 물어보라, 바람에, 물결에, 별에, 새에, 시계에, 사라져가는 모든 것에, 울부짖는 모든 것에, 흘러가는 모든 것에, 노래하는 모든 것에, 말하는 모든 것에, 물어보라, 지금은 몇 시인가를. 그러면 바람도, 물결도, 별도, 새도, 시계도, 그대에게 대답하리. "지금은 취할 시간! '시간'의 학대받는 노예가 되지 않기 위하여, 끊임없이 취하여라! 술이건, 시건, 또는 덕이건, 무엇에고 그대 좋도록."

– 보들레르의 「취하여라」 전문.

그때 그 책들을 찾아다줬었는지 수학공부 하라고 다그쳤었는지는 기억이 나지 않는다. 그런데 어제, 학교에서 교수들에게 일괄지급했다는 아이패드를 집에 모셔놓고 다니는 제

아빠에게 사진을 전송한다면서 딸은 까뮈를 들춰냈다. 아이폰이 생기고 한창 내게 이런저런 이미지들을 만들고 뒤져서 보내주던 시기에 만들었던 파란색 포스터다. "전에 이거 보내줬더니 엄마가 하도 좋아하길래…… 아빠한테도 보내줘야지~"

옹색한 아이폰과는 달리 시원스런 화면에 펼쳐진 까뮈의 글귀가 새삼 가슴에 사무친다. (중요한 것은 낫는것이 아니라 제 몫의 아픔을 지니고 살아가는 것이다.)

과연 그렇지 않은가. 내가 이 사진을 받아보았을 때는 속이 아렸다. 자기가 쓴 것이 아니라 할지라도 문장이라는 결정체로 귀결되는 고통이 어떤 것인지 나는 잘 알고 있다. 진짜 까뮈를 읽었는지, 어디서 인용문을 낚아왔는지 알 수 없는 일이지만 불어로 된 이 문장에 예쁜 색깔을 입혀 포스터를 만들 줄 아는 딸이, 이제는 달리 보인다. 저런 정도로 내면이 성숙하다면 아무리 어리광을 하고 엉망진창인 방구석에서 뒹굴어도 믿어도 될 것 같다는 일종의 판단이 선다. 역시 문장은 힘이 세다.

80

이동식 책상

애들 중간고사 기간이 시작이다. 다들 난리라는데, 우리 애들도 살짝 걱정이 된다. 학원이나 학교에서 공부하고 오면 좋으련만 오늘따라 다들 일찍 들어와서 집에 있다. 나는 머릿속 복잡한 일이 있어서 부엌과 컴퓨터와 전화기와 책상 사이를 오락가락하면서 짜증을 참고 있자니 머리가 다 울리고 아프다. 그 와중에 애들 둘도 이 방 저 방으로 옮겨다니며 공부 폼을 잡고 있다. 분주하게 움직이는 내 뒤꼭지에 대고 큰애가 뭐라뭐라 한다.

그제서야 애들을 자세히 보니 둘이 거실 한복판에 교자상을 펴놓고 앉았다. 작은 녀석은 기댈 데가 없다고 소파의 쿠션을 다 분리해서 네 개 다 일렬로 텔레비전 앞에 쌓아놓고 거기에 등을 대고 있고 큰 녀석은 소파에 등을 대고 마주 앉아있다. 바닥에는 전자사전, 엠피쓰리, 필통, 공책, 책상 위에는 각각 책과 연습장. 노랑 종이와 분홍 종이가 놓여있다. 종이는 하나를 가운데 놓고 둘이 같이 쓰고 있다. 각자 귀에는 리시버를 꽂고 있다. 눈에 보이는 풍경에 놀라면서도 그래, 요새 애들은 저러고도 공부가 잘 되나 보다, 하고 '너그럽게' 넘어가려고 할 때였다.

"엄마, 이사 가면 학원 책상 같은 거 있잖아, 쪼그만 거, 그거 하나 사줘."

큰애의 말인즉슨, 지금도 베란다 구석에 책상을 갖다 붙여놓고 공부하면 잘될 거 같다나? 엉뚱한 소리였지만 기분을 중요하게 여기는 나한테는 괜찮은 아이디어같이 들렸다. 집 안 구석구석으로 책상을 옮겨가며 공부한다? 음, 괜찮겠는걸…… 내친 김에 원하는 게 있음 다 말해보라고, 생각해본 후에 가능한 건 들어주겠다고 대답을 하고 하던 일에 몰두했다.

잠시 후에 나와보니, 큰애가 책을 책상 높이로 쌓아놓고 그 위에 다림질 판을 얹어서 베란다 구석 쪽에 책상을 급조하고 있었다. 작은 녀석은 그런 제 누나를 감탄과 존경의 눈길로 쳐다보고 있다. 그걸 보는 순간 화가 치밀었다. 유치원생이면 얼마나 귀여울까!(이 아이는 지금 고2다) 공부를 하겠다는 건지, 장난을 하겠다는 건지, 마침 신경이 날카로워져 있던 때라 애한테 폭발을 해버렸다. 해서는 안 될 "그러니까 꼴찌를 하지!"까지 동생 앞에서 내뱉으면서.

씩씩거리며 메일확인을 하니, 강연청탁한 도서관에서 기나긴 글이 들어와있다. 그중에는 엄마들이 아이들에게 감정조절을 하지 못해서 힘든데 잘하는 방법이 있으면 어쩌고저쩌고 하는 내용도 있다. 그걸 보니, 갑자기 그 강연 하러 가지 말아야 할 것 같은 생각이 든다. 나보다 더 감정조절 못하는 엄마도 드물 것 같다. 반성 아닌 반성에 커피나 한 잔 마시려고 지나다 보니 큰애는 짐을 싹 챙겨 들고 방문 닫고 제 방으로 들어가버렸다. 지레 겁먹은 작은 녀석만 깨끗한 책상에 앉아서 공부하는 척하고 있다. 이동식 책상? 공부란 지겨워도 책상에 엉덩이 붙이고 앉아서 해야 된다는 걸 가르쳐야 하는 거 아닌가, 우린 그렇게 배웠는데 하는 생각이 난다. 그렇지만 이동식 책상으로 집 안 구석구석에 숨어들어 공부할 수 있다면 기분전환은 될 텐데…… 아! 대체 이 아이는 왜 끊임없이 날 생각하게 하고 헷갈리게 하는 건지!!

결국 나는 이동식 책상을 사줬다. 독서실에서 쓴다는 자그만 책상. 옮기기도 편하고, 딴 짓거리를 늘어놓을 여유도 없이 작고 똘똘해 보이는 책상이었다. 그걸 사고 나도 뿌듯했지만 우리 딸은 뭐랄까, '엄마가 진짜로 이걸 사줬네?' 하는 표정이었다. 그러나 그 책상이 유용하게 쓰였는지는 모르겠다. 언제부터인가 서재 한구석에 수납용으로 놓여있다. 이제 내가 가져다가 사무실에서 써야 할까 보다. 책상이 여러 개 필요한 나야말로 유용하게 쓸 거 같다.

81

너, 계속 그렇게 살 거야?

밤늦게 들어온 아이들한테, 할머니가 사다놓으셨다는 산딸기를 씻어 식탁에 놓아 주고 서재로 들어오려다가 순간적으로 마음이 흔들려 아이들 앞에 앉았다. 웬일인지 오늘은 둘 다 말이 많다. 그동안 너무 곁을 주지 않았던 걸까. 갑자기 맘이 짠하다. 작은 녀석이 먼저 수학선생님이 애들한테 욕을 하는 얘기를 했다. 요새는 욕도 이상하다. “야! 이 개고기 같은 놈아!”(선생님), “이 밀가루 반죽같은 놈”, “수학의 정석 218쪽 같은 놈”(애들), 이런단다.

“응? 그게 무슨 말이야? 수학의 정석 218쪽에 뭐가 나오는데?”

나의 반문과는 달리 큰애는 웃음을 참지 못한다. 알고 보니 뭐가 나오는 게 문제가 아니라 듣기만 해도 복잡하고 짜증나서 화가 난다나. 선생님들의 ‘욕’으로 화기애애해진 분위기에 큰애가 일학년 때 얘기를 한다. 담임이 진짜 싫단다. 수업시간에 책을 안 가지고 가서 교무실로 불려갔을 때 얘기를 해줬다.

"야, 일주일에 내 수업이 몇 번 들었어?"

"두…… 두 번이요."

"그럼 1/2 을 안 가지고 온 거네?"

"아…… 네……"

"뭐하자는 거야? 너 학교 안 다니겠다는 거야?"

"죄…… 죄송합니다…… 담부터 주의하겠습니다."

"너, 자퇴하면 뭐할 건데?"

듣고 있던 나랑 작은애, 말하던 큰애가 동시에 깔깔 웃고 말았다. 교과서 한번 안 가져갔는데 갑자기 '자퇴'라니! 그 선생님한테 엊그제 지각해서 또 걸렸단다. 이번엔 이러셨단다.

"너, 계속 그렇게 살 거야?"

아이는 웃다가 울었다. 너무 억울했다면서 거짓말처럼 울었다. 곁에 있던 선생님들이 다 자기를 '문제아'로 알았을 거라면서.

애들 얘기가 사실이라면 정말 선생님들의 발언은 이해하기 힘들다. 연세가 꽤 있는 영어 선생님은 맥락도 없이 "니들이 그러면 안 된다, 배은망덕한 자식들아, 미국이 우리가 가난할 때 얼마나 도와줬는데 은혜도 모르고……"라고 하지를 않나, 옆 반 담임은 애들한테 "나, 니들 포기했다"라고 말했다는데 우리 애 담임은 그렇게 말할 수 있는 옆 반 선생님이 존경스럽다고 했단다. 대체 이게 무슨 말인지 몰라서 한 번 던져봤다.

"애들이 정말 선생님을 힘들게 하나 보다."

"응, 옆 반은 좀 그래. 근데 우리 선생님은 아냐, 우리를 굉장히 예뻐하시는데……"

"근데 왜 그러셔?"

"그러게 말이야, 옆 반 선생님이 교육적으로 옳지 않은 말을 한 거 아냐? 근데……"

우리 둘이 아무리 머리를 짜내봐도 선생님의 진의를 이해할 수 없었다. 그때였다. 작은 녀석이 이러는 거다.

"뭔가 멋진 말을 하고 싶었는데 말이 헛 나왔나보지!"

딸과 나는 동시에 하하 웃고 말았다. 꿈보다 해몽이 좋다더니! 정작 말을 한 작은 녀석은 수줍은 얼굴로 씨익 웃고 있다. 뭔가 착한 일을 하고 칭찬을 기다리는 강아지처럼.

글쎄, 선생님이 진짜로 저러셨을까 싶다. 동시에 과장이 있을지는 몰라도 근거 없는 애

기는 아니지 않을까 싶기도 하다. 교사와 학생 그리고 학부모는 서로 협력해야 하는 관계인데 이상하게도 문제가 잘 생긴다. 저 학교에서 교사들이 학부모들을 피하던 걸 나는 이해하지 못했다. 공부도 못하는 딸을 둔 나는 선생님 면담이라도 하고 싶었는데 3년 내내 이떤 담임선생님도 찾아올 필요가 없다고만 했다. 서글픈 일이었다.

82

우울해

어제 늦은 오후, 딸아이에게서 문자가 왔다. "우울해 ㅜㅜ" 한두 번 있는 일이 아니라 무심히 봤다. 어제는 바람이 많은 날이었다. 바람을 맞고 서 문자를 쳐다보고 있다가 생각을 바꿔서 전화를 했다. 상큼한 목소리로 전화를 받은 아이는 갑자기 산토끼 노래를 부르기 시작했다. 어이없는 와중에 괜히 신이 나서 나도 지지 않고 악착같이 따라 불렀다. 그랬더니 옆에서 뭐라고 하는지 한마디 대꾸를 하고는 곧이어 나비야, 나비야~ 를 시작했다. 또 끝까지 다 따라부르고 났더니 이 녀석 하는 말.

"엄마, 지금 쪽팔려 게임이거든! 나중에 전화할께~"

우울하다더니!! 방해받기 싫어서 "전화 안 해도 돼!" 한마디 해주고 탁 끊어버렸다. 그래도 노래방도 아니고 혼자서 전화기 붙들고 동요 두 곡을 줄창 불러제낀 기분이 나쁘지는 않았다. 핸드폰 사달란다고 투덜거렸었는데 애들 핸드폰 사주기 참 잘했다.

어제와는 딴판으로 햇살이 투명한 한낮, 다시 생각해도 웃음이 난다. 우울하다고, 엄마 보고 싶다고 다 큰 애가 전화하고 문자 메시지 보내는 게 고맙기만 하다.

이 녀석은 유난히 노는 능력이 뛰어나다. 작은 녀석은 하루 종일 심심하다며 뒹굴 때가 많았는데 이 아이는 항상 뭔가 하면서 놀고 있다. 어렸을 때도 그랬고 지금도 그런다. 그렇게 놀 일이 많으니 공부를 비롯, 뭔가 해야 하는 일이 있으면 남보다 훨씬 더 스트레스를 받는 걸까? 우울하다 소리는 입에 달고 산다. 하도 들어서 나는 '우울'이라는 낱말이 우스꽝스럽게 생겼다는 느낌이 들곤 한다. 발음도 그렇고 생긴 모양도 그렇고……

내가 보기에는 우리 딸은 노는 것과 관련된 직업, 그러니까 문화 컨텐츠와 관련된 일을 하면 좋으련만 노는 것 따로 일하는 것 따로 구별하면서 고생하고 있다. 전공도 경영학과에 가서 투덜대다가 문과 강의 들으면서 살맛나는 것처럼 보인다. 그래도 졸업은 경영학과로 해야 취업하기 낫다면서 편입이나 전과를 권해도 도리질을 한다. 왜 그렇게 복잡하게 살려고 하는지 모를 일이다. 드디어 닥친, 졸업. 뭔가 인생이 실전에 들어서는 기분인지 어제까지만 해도 '재미'있다던 취업준비, 오늘은 짜증을 낸다. 시간계산 해보면 1분에 한 문제씩 풀어야 하는데 자기는 한 문제 푸는 데 5분이 걸린다면서 (그러게 안 해도 되는 일을 왜 하나?) 놀지도 못하니 스트레스 쌓여서 머리를 잘랐다고 문자가 온다. 그래, 뭐라도 하셔야지, 답문을 했더니 달랑 물음표 하나를 보내온다. 그래, 모르겠지, 자식이 부모 마음을 알 리가 있나!

83

쓰레기 같애

오늘 아침 도대체 일어나지 않는 딸아이 방문에 가보니 쪽지가 붙어있다.

현재시간 4시 48분임…… 신문 다 읽었음. 일기도 썼음. 낼 아침 깨우지 마삼.

수능 이후 하는 일 없이 한 달째 빈둥거리느라 잠을 너무 자는 애를 보다 못해 사무실에 있는 신문 며칠치를 모아서 갖다주었다. 집에서는 《한겨레》신문을 보는데 학교에 가면 《한겨레》 보는 집이 하나도 없어서 놀랐다던 아이에게 《조선일보》, 《중앙일보》를 가져다줬던 거다. 좀 읽어보더니 막 잠자리에 들려는 내게 와서 애가 이랬다.

"엄마, 조선일보 사설 읽어봤어?"

"왜?"

"뭐야……! 이거 완전 쓰레기 같애!"

작은 녀석이 솔깃해서 끼어든다.

"어? 글이 그렇다고?"

"글도 그렇고, 내용도 그렇고……!!"

그러더니 열을 받았는지 밤을 샜나 보다. 갑자기 에한테 신뢰가 생기기 시작했다. 수시시험 잘 봤다고 좋아하더니 수십 대 일의 경쟁률 탓인가 결국 밀려난 후 허탈해서 그러는지 쓸데없는(?) 책만 읽고 영화다 음악이다 쫓아다닐 뿐 공부 비슷한 건 도통 하지 않는 이 아이에게 논술학원이라도 다녀야 되지 않겠냐 했다가 본전도 못 찾았다.

"학교에서도 매스컴에서도 다 논술학원 다니지 말라잖아. 내가 다녀봐서 안다고! 뭘 써도 자꾸 선생님한테 첨삭받은 게 생각난단 말이야!"

말이야 틀린 데가 없다. 그렇다면 혼자서라도 뭘 좀 써보든지, 도움이 될 만한 글들을 좀 읽어보든지 하지 않고 허구한 날 놀기만(내가 보기엔) 하고 있으니 걱정이 안 될 수 없다. 그래, 다 떨어져 봐라. '현실'이라는 게 어떤 건지 체감하는 게 멀리 보면 더 큰 교육이니까…… 이런 맘을 먹고는 내가 꺾지 못하는 아이의 기를 괴물 같고 요술 같고 도박 같은 '입시'가 꺾어주겠지, 세상에 다 나쁜 건 없구나, 이러고 있는 참이었다.

정신이 난다. 자기 자식이 어떤 생각을 하는지 가장 모를 수 있는 사람이 부모, 그것도 아빠도 아니고 엄마인 것 같다. 그러니까 아이를 자꾸 떠나보내는 게 맞는 거 같다.

이 아이는 정말 나랑 많이 싸우고 컸다. 아니, 이런 표현은 내가 억울하다. 기가 나보다 센 편인 딸이 꼭 이겼고, 애는 현관문을 나서면 날마다 즐거운 인생처럼 보였고, 나만 혼자서 속을 부글부글 끓이면서 도대체 어떻게 해야 하나 반성하고 정리하면서 힘든 시간들을 보냈기 때문이다. 친구와 상담을 해도 답이 안 나오고, 다른 애들은 어쩌고 사나 지켜봐도 도움이 안 되었으니 나는 그저 그런 상황들을 곱씹고 되씹으면서 적응하고 살았던 거 같다. 그러면서 자식한테 '지는 법'을 나도 모르게 터득한 거 같다.

재미있는 것은 내가 진짜로 아이를 존중하게 되면서부터 보일 듯 말 듯 변화가 일어나기 시작했다는 점이다. 그리고 더 재미있는 것은, 모르던 세계를 알게 되었을 때의 느낌이랄까, 내가 뭔가 폭이 좀더 넓어진 느낌을 갖게 되었다는 점이다.

05

나, 이제 성인이라고!

84

어버이날

자식이면서 동시에 어버이인 사람들은 어버이날 좀 바쁘다. 어버이날 행사 같은 거 말고 다른 바쁜 일이 있을 때는 당연히 더 바쁘다. 대체로 그런 내 경우는 바빠서 짜증날 때가 많다. 그래서 내가 어버이인 것은 접어두기로 했다. 바로 작년까지만 해도, 그러지 못했다. 어버이날인데 애들이 아무것도 안 하는 것은 문제가 있는 것처럼 생각되었기 때문이다. 애들이 초등학교에 다닐 때는 학교에서 '엄마, 아빠, 낳아주셔서 감사합니다' 뭐, 이런 편지를 쓰게 하는 시간이 있었다. 그래서 애들은 할 말도 없는데 쥐어짜서 쓴 편지를 내밀곤 했었다. 그런데 애들이 청소년이 되면서부터는 좀 달랐다. 애들은 애들대로 어버이날 뭘 해야 하나 고민하는 눈치고, 나는 나대로 애들한테 이런 날은 뭘 받는 것도 교육이라고 생각하고 있었다.

그런데 살다 보면 타이밍이 안 맞는 단순한 문제로 식구들끼리 복잡한 신경전이 되는 일이 잦다. 게다가 아무리 생각해도 내가 나한테 잘하라고 가르치는 건 교육이 아닌 거 같다. 그래서 포기했다. 그리고 생각을 바꾸었다. 우리 애들이 어버이날 행사치레로 힘들어하지 않는 것은 나름대로 부모가 편해서 그런 거라고. 하필 일요일인 올해 어버이날, 남편과 아이들이 다 제 할 일로 바쁘게 밖으로 나도는지라 밥 할 일이 없어졌다. 아점을 먹고 컴퓨터 앞에 앉아있자니 저녁 먹을 때도 안 되었는데 배가 너무 고팠다. 딸이 남긴 라면 반 개에 야채를 잔뜩 넣어서 정성껏 끓여 막 먹고 났는데 띠릭~ 하고 핸드폰에 문자 들어오는 소리가 난다. 그제야, 딸이 차돌박이 먹고 싶다고 한 게 생각났다. 마음은 사다가 구워주고 싶지만 좀 귀찮았다. 그래서 말을 돌려, 딴거 먹고 싶은 거 없냐고 답문을 보냈더니 엉뚱한 문자가 왔다.

"외식하게? 맛있는 거 사먹을까?" 무능한 내 위장은 외식이든 뭐든 소화를 시킬 수 있을 것 같지 않았지만 애 밥은 해먹여야 하니, 그것도 괜찮을 것 같아 적당한 타협점을 찾았다. "일본식 주점? 배는 안 고프니까 기분 좋게 한잔 하고 우리 딸 잘 먹이면 최고일 듯^^" 바로 답이 왔다. "일본식 주점 콜?! ㅋㅋ 하긴 밥 먹기는 좀……"

그래서 우리는 밥과 안주를 파는 일본식 주점에서 만나 사케를 시켜놓고 명란젓 파스타와 오징어 먹물 고로케를 먹었다. 먹고 있는데 농촌봉사활동 가있는 아들한테 전화가 왔다. 제 누나랑 몇 마디 주고받는 걸 짐짓 모른 체했다. 그러나저러나 월요일이 걱정되는 일요일 밤이었다. 내가 먼저 집에 가자며 일어섰다.

돌아오는 길에 딸한테 슬며시 한마디 해봤다.

"야! 어버이날인데 엄마가 밥 사주고, 이건 좀 아니지 않나?"

"뭐가!! 엄마랑 놀아줬잖아! 내가 같이 놀 사람이 얼마나 많은데~"

어이가 없었지만 그건 그랬다. 기억에 남을 것 같은 어버이날이었다.

85

아픈 딸

12시 59분, 점심시간이지 않을까? 아무래도 신경이 쓰여서 핸드폰 단축번호를 눌렀다. 딱 끊어버리는 걸 보니 수업 중인가 보다. 그러고 보니 이번 학기는 점심 먹을 시간도 없이 시간표를 짰다고 했다. 우리 딸은 아프면 애가 더 딱딱해지는 느낌이다. 어려서는 엄살이 많다고 야단치곤 했는데 지금 돌이켜보면 엄마손이 필요해서 그랬었는지 모른다. 스물세 살이나 된 지금도 그런가 보다.

어제는 늦은 밤 고3짜리 동생 말대꾸해주느라 잠도 못 자고 있는데 계속 불러대면서 "엄마! 주물주물~" 이랬다. 손을, 팔을, 관자놀이께를 주물러주고 얼굴을 쓰다듬어주었지만 새벽 한 시가 넘었는데도 식탁에서 문제집을 펴놓고 졸고 있는 작은 녀석에게 잔소리를 해야 했기에 손이 급해서 그냥 자라며 성의 없이 일어나야 했다. 결국은 피곤한 몸을 못 가누고 아들이고 뭐고 내가 먼저 누워버렸지만 밤새 딸의 기침소리를 들으며 잠을 설쳤다.

새 학기 들어, 애가 긴장하고 있는 게 느껴진다. 3학년이 되어서 그런 걸까, 교환학생 뽑히느라 제 딴에는 힘들었던 걸까. 동생한테 샘내는 것도 덜해졌고, 헤매는 것도 덜해진 거 같고, 잠도 좀 줄었고, 술도 덜 마시고, 활동도 많아진 거 같다. 이 녀석은 엄마가 저한테 눈을 대고 있다는 것을 알까. 알면 좋은 걸까, 그 반대일까. 판단이 안 된다. 나는 다른 일하는 여자들처럼 애들한테 대범하지가 못하다. 제대로 해주는 건 없으면서 마음만 쓴다. 결과는 대개 두 배로 나쁘다. 예민한 애가 혼자 해안도시 라로쉘에서 날씨도 안 좋은 가을과 겨울을 날 생각을 하니 마음이 안 좋다. 이 녀석은 엄마의 걱정을 덜어줄 생각이 없나 보다. "엄마가 와서 살림해!" 이런다. 어이는 없지만 귀엽다. 엄마는 언제나 자기 편이라는 데에 완전 자신이 있는 모양이다. 당당하기 짝이 없다. 내 핸드폰 문자 보관함에 지우지 않고 남겨둔 문자가 몇 개 있다. "엄마, 나 보고싶지?/엄마 온제와?" 마음이 편치 않을 때 보면 뭐라고 설명할 수 없이 위로가 된다.

딸이라서 더 강하게 키우느라 애썼다. 그런데, 진짜로 강해 보이니까 짠하고 불쌍하다. 집중력이 뛰어나고 자기주장이 강한 편인 이 녀석은 언뜻언뜻 갑옷을 입은 것처럼 보인다. 제 속이 부대낄수록 드세게 군다. 젊어서 힘든 걸 어쩌랴…… 여려 보이지 않아서 다행이라고 생각되지만 그래서 더 힘들겠다 싶어서 아연하다. 어떻게 해야 아이들이 단순하고 행복하게 크는 걸까?

86

에미 노릇

엊저녁에 딸이랑 또 한바탕했다.
도대체 애들을 어떻게 믿어야 한다는 것일까?
왜 부모 (되는) 교육만 횡행하고 자식 (되는) 교육은 전무한 것일까.
우리 딸은 자기주장만 하고 반성적인 사고를 하는 것 같지 않다.
자식을 내 맘대로 할 수 없다는 것쯤은 알고 있지만
좀 더 나은 길로 가도록 인도해야 할 책임감마저 놓아버릴 수는 없지 않은가.

자고 일어나도 개운하지 않은 마음!!

87

난 그냥 철없이 살거야!

애들은 보통 집에 오면 밖에서 있었던 일을 조잘조잘 얘기한다고 한다. 그래서 엄마들이 애들 생활에 대해서 미주알고주알 알고 있기도 하고 엄마들끼리는 그런 얘기들로 마음이 통하기도 하고, 교육열이 거기서부터 번져나가기도 하는 것 같다. 그런데 우리 집에서는 애들이 자라는 동안 별로 그런 일이 일어나지 않았다. 사람들이 말을 못하는 아이인가 싶을 정도로 입을 꾹 다물고 눈만 부리부리하던 아들 녀석에다가 여느 여자아이들처럼 오사바사한 데가 없이 매사 칼 같은 딸은 항상 '용건만 간단히' 스타일이라 나는 다른 엄마들처럼 주워듣는 말이 없었다. 한동안은 우리 애들은 왜 이런가, 불평도 하고 내가 애들 생활을 모르고, 엄마들 사이에 통한다는 '정보'에도 어둡기만 한 것은 내 탓만은 아니라고 생각했다.

크면서 애들이 변했다. 아니, 좀 더 정확히 말하자면 환경이 변한 건지도 모르겠다. 돌아보면 아들과 가장 많은 이야기를 나눈 것은 파리 시절과 고3 시절이었는데 그거야말로 순전히 환경 탓이었다. 잠깐 가 있던 파리 시절, 학교는 멀고, 수업은 일찍 끝나니 애가 집에 있는 시간, 심심한 시간이 많았다. 한국에 있을 때는 시간도 별로 없지만 그 없는 시간에도 동네 친구들이랑 어울려 축구하러 다니느라고 대화는커녕 집에서 밥도 같이 먹는 일이 드물었었다. 낯선 땅에서 이방인으로 살자니 말도 서툴지, 친구도 별로 없지, 집에서 대기하고 있고 유창한 한국말로 얘기할 수 있는 상대는 엄마밖에 없기도 했을 것이다. 급기야는 "엄마가 날 교육하지 뭐하러 학원에 보냈어?"라면서 자신의 과거를 잊은 황당한 말까지 하면서 녀석은, 재미없다는 편견을 버리고 엄마가 골라주는 옛날 영화들을 구석진 영화관에 따라가서 보는 일도 즐기게 되었더랬다. 고3 시절도 마찬가지였다. 새벽에 나가서 밤 열두 시에나 들어오는 아들, 주로 입시에 대한 얘기였지만 이런저런 말을 하곤 했었다. 그러던 녀석이 대학생이 되더니 정상(?)으로 돌아갔는지 얼굴엔 '참견하지 마라'고 써 있고 나는 다시 아들의 생활에 대해서 아는 게 없어졌다.

그런데 이번엔 딸이 변했다. 한마디씩 툭툭 던지는가 싶더니, 제법 말이 많아졌다. 엊저녁에는 거실에서 티브이를 켜놓고 있는 내게 제 방문을 열어놓은 채 뭐라 뭐라 말을 한다. 사실 나는 거의 들리지 않는다. 한번씩 티브이 볼륨을 줄이고 들어보면 별로 중요한 얘기는 아니다. 대충 대꾸해가면서 나는 드라마에 열중한다. 몸이 아프거나 머리가 복잡한데 집중할 거리를 못 찾을 때 내가 찾는 게 드라마다. 제법 스토리가 복잡한 새로 시작한 드라마를 열심히 보고 있는 사이사이, 딸의 조잘거림을 듣는 둥 마는 둥 한다.

무슨 얘기를 했는지 모르겠다. 미안해서 잘 준비를 하면서 뭐라 말을 시켰더니 돌아오는 대꾸라는 게 "너 어쩌구 저쩌구……" 사실 듣기 싫지는 않았지만 엄마한테 '너'가 뭐냐고 타박을 좀 줬더니 주눅이 들기는커녕 큰소리다.

"엄마하고 남친한테만 그러는 거란 말이야!"

"으이그! 언제 철 들래?"

"난 그냥 철없이 살 거야!"

참 내. 며칠 전 얘기랑 영판 다르다. 4학년이 되더니 친구들이 다 뭔가 어른스럽고 자기만 철없는 거 같고 애 같아서 짜증난다더니.

그러는 딸을 보면서 어렸을 때 충분히 철없이 살게 못해준 게 미안하다. 충분히 조잘거릴 수 있게 못해준 게 반성된다. 프리랜서로 일을 하던 시절이라 나는 전업주부들보다도 오히려 더 집에 많이 있었다. 그런 만큼 애들이 '엄마의 부재'를 느끼지 않을 거라고 생각했었다. 얼마나 어리석은 생각이었는지! 나는 몸만 집에 있었다 뿐이었다. 누구보다도 아이들은 그걸 잘 알았을 거고, 그래서 밖으로만 나돌려고 했었던 거 같다. 우리 집은 '집'이 아니었다. 내가 지금처럼만 '엄마'일 수 있었다면 허다한 자녀교육서들에 써있는, 일하는 엄마들이 자녀와 보내는 시간은 양이 아니라 질이 중요하다는 구절이 무슨 뜻인지 알아들었을 텐데…… 애들은 내가 엄마가 되는 시간을 기다리지 않고 다 자라버렸다. 이제야 엄마가 된 나는 다 큰 애들을 애기 다루듯 한다. 남의 집 애들은 부모한테 이러저러하게 잘한다는 소리를 들을 때면 우리 애들이 한심해 보이지만 따지고 보면 자업자득인 셈이다.

천식발작으로 고생을 하는 요즘 같아서는 내가 입원이라도 하면 어떻게 되는 걸까, 궁금하다. 딸에게 물었다.

"야, 너 엄마 입원하면 어쩔 건데? 병원생활은 보호자 없으면 안 되더라. 원래는 딸들이 엄마 간호하는 건데……"

"하면 되지! 그런 건 어려운 일이 아니야. 걱정 마, 잘할 수 있어!"

아닌 게 아니라 그럴 것 같다. 손끝이 매워 심지어 살림살이도 나보다 잘 만지는 이 아이는 틀림없이 그럴 것이다. 그런 생각을 하고 있는데 딸이 한마디 더 한다.

"진짜 어려운 건 남의 마음을 아는 거 같아. 남을 배려하는 건 어려워."

아니까 다행이다! 지나치게 자기중심적인 이 아이한테는 그게 얼마나 어려운 일일지 짐작이 가고도 남는다. 한편으로는 애가 이렇게 조잘거릴 수 있게 된 것이 내가 많이 변했기 때문일 거라는 뿌듯한 마음도 들고 또 한편으로는 애가 어렸을 때 좀 그렇게 할 수 있었으면 얼마나 좋았을까, 하는 씁쓸한 마음도 있다. 다시 한 번 그 시절로 돌아간다고 해도 달리 어떻게 할 수 있을지는 전혀 자신이 없지만 열심히 살고 있다는 것 하나로 아이들에게 좋은 교육이라고 생각했던 건 정말이지 미련하고도 미련한 엄마 짓이었다!

88

수신가능한 메시지 개수를 초과하였습니다

핸드폰 문자함이 차서 자꾸만 이런 메시지가 뜬다. 문자함을 비워야 되는데 그러지 못하고 자꾸 필요 없는 것들을 하나씩만 지우면서 사용하고 있다. 어느 날 싹 비우고 정리해야지, 하면서도 그러지 못하고 있다. 딸이 보낸 문자들 때문이다. 그러다 보니 문자함에 딸한테서 받은 문자만 꽉 차있다. 좀 주책인 줄 알면서도 그걸 지우지 못하는 건 몇 글자 안 되는 단문 메시지 속에서 뭔가 느껴지는 것들이 많아서인가 보다. 그것도 다 부질없는 에미 마음이다 싶어서 혼자 마음 다스리는 연습을 한다. 딸이 보낸 문자들을 무심하게 쳐다볼 수 있는 날까지, 아님 바로바로 지워버릴 수 있는 날까지.

그런데 그런 날이 잘 오지 않는 거 같다. 한동안 문자함에 저장되어 있는 문자들을 다시 열어보지 않았다. 이제 좀 비워야겠다. 수시로 들어오는 문자들이 부대끼지 않도록. 그냥 지우기 아까워서 여기에 좀 옮겨놓는다. 딱, 한 개, '엄마 보고싶을 거임ㅜㅜ' 이것만 빼고.

오오 튀김 순대 떡볶이 국물 오오! 치킨 먹고싶다 치킨치킨 / 나 고열량 샌드위치 해먹었으니까 사오지 마시라예 / 엄마 나 보고싶지? / 엄마 온제 와? / 엄마 나 교환학생 됐대 / 입금...? / 알아써 에너지바랑 모나카 챙겨나왔어ㅋ / 이제 가고이써 좀 놀다늦어써 미안...빳데리 없 / 응 나 점심 찜닭 먹음 오늘은 중간고사대체 기사 쓰느라 바쁨 / 저녁에 파데붓 빨아줄께 나 파데 사야되는데ㅜㅜ / 오늘진짜일찍가려고했는데팀플이안끝난다 간식은꼭사갈께!!!!! / 엄마미안 나아직도출발안했어 근데 진짜안마셨어...조금늦게들어갈께미안... / 집에 밥 먹을 거 뭐 있어? / 엄마오늘축제인데타이거JK랑윤미래라는가수가열한시인가에온대내가제일좋아하는가수야막차타고갈께..... / 참을수없는존재의가벼움이거책필요... / 엄마책!!!!! / 열한시에나갈께! / 아홉시에깨워달랬더니어디갔! / 도시락내가좋아하는것들만한입거리로있던데좋았어! / 엄마언제와? / 엄마랑먹으려고뭐많이샀는데 / 응밤에봐맥주랑아보카도랑샐러드등등샀어ㅋㅋ / 뭘!이따간다고나운동끝나고막걸리마시러왔....곧갈께

89

서바이벌 레시피

프랑스에 가 있는 딸에게 몇 가지 레시피를 적어보냈다. 거긴 벌써 날이 춥단다. 밥 잘 안 찾는 아이라서 거기 음식만 먹고 살 줄 알았는데 은근히 뜨거운 국물도 먹고 싶고 김치 생각도 나는 모양이다. 그러고 보니 내가 처음으로 김치를 담가본 것은 학생 때 파리에서다. 김치 담그는 게 그렇게 어렵다고 하는데 겁도 없이 다 먹고 난 커다란 피클 병에 양배추와 마늘과 고춧가루와 피시 소스 정도 넣고 버무려서 발효시켰더니 맛난 김치가 되었더랬다. 지금은 엄두가 안 나지만 그걸 보고 김치 담그는 일을 예사로 생각했던 거 같다.

남편과 연애하던 시절에는 배낭을 메고 중국 시장에 가서 배추를 사다가 마구 썰어서 세숫대야에 절여놓고 기다리기가 지루해서 발이 부르트도록 파리 시내를 쏘다니다 들어오곤 했다. 그러고 돌아오면 김치 같은 거 담글 엄두가 안 나게 피곤했지만 곁에서 기타를 쳐준다, 잔심부름을 해준다 하며 기분을 맞춰주는 남편 덕분에 자주 그렇게 김치를 담갔던 거 같다.

무에 고춧가루 색을 곱게 입히기 위해서 소금에 절이기 전에 고춧가루부터 버무리던 우리 엄마표 깍두기, 인터넷에 나와있는 찹쌀풀과 요구르트를 넣는 깍두기, 이런저런 것들을 생각하다가 '서바이벌 레시피'로 제목부터 정하고 적기 시작했다. 현지에서 구할 수 있는 채소와 도시 전체에 딱 하나 있다는 작은 아시아 가게에서 살 수 있을 법한 양념의 종류들을 적고 있자니 상표는 물론 포장지 그림까지 생각나는 것들이 많다. 아시아 가게 특유의 빠릿빠릿하고도 무뚝뚝한 사람들, 활발하게 움직이기 때문에 우울이란 낱말은 안 어울리지만 그래도 색깔이 없기 때문일까 어쩐지 즐겁지 않은 분위기도……

어떻게 하면 딸아이가 질리지 않고 들여다보고, 또 편리하게 필요할 때마다 찾아볼까 궁리를 하면서 거의 두 시간 몰두해서 적었다. 그러자니, 작년 불로뉴에서 애들이랑 같이 장보던 기억, 대강대강 해줘도 연신 맛있다며 서울에서보다 훨씬 더 많이 먹어서 만드는 재미가 나던 기억, 엄마 손에 밥 얻어먹는 평범한 일에 행복해 보이던 아이들 모습 등등 자잘한 추억들이 떠올랐다. 장보고 음식 만드는 일에 대한 몇 가지 팁을 정리하다 보니 그동안 이 녀석에게 꽁하게 맺혀있던 마음이 스르르 풀어졌다. 문자를 날려보니 '집보험'을 들러 나와있다고 한다. 보험이며, 은행, 기숙사 등등을 혼자서 처리하느라 억지로 불어가 늘고 있을 것이지만 엄청 피곤할 것이다. 외국어로 생활하면 웬만하면 두 배로 피곤하다. 날도 춥고 침구도 제대로 없고 짐도 영 허술하게 챙겨간 상태에서 이 녀석은 과연 좀 변했을까?

문득 딸아이가 들어오기 전에 따뜻한 밥이라도 차려놓고 기다리고 싶어진다. 그러고 보니 오롯이 이 아이를 위한 밥상을 차려본 적이 언제였나 모르겠다. 고3 때,

그 나이까지 아침이라곤 안 먹고 자란 아이가 자기만을 위해서 밥상을 차려주니 놀랍게도 뭐든 잘먹었다. 콘플레이크 아니면 다 싫다던 녀석이 스테이크, 돼지고기 청경채 볶음, 떡국, 연어구이 등등 새벽부터 잘도 먹었던 기억. 어느새 자라서 스물세 살이나 된 걸까! 놓아주기 전에 밥하는 거라도 가르쳐야겠다. 멀리 있으니 더 쉬울 수도 있다……

90

고슴도치 인형

엊그제 인사동에서 고슴도치 인형을 봤다. 헝겊으로 만든 자그마한, 사실 특별히 예쁘지는 않은 그 인형이 눈에 띈 건 순전히 우리 딸 때문이다. 파리에 간 지 얼마 안 되어서 문자가 왔었다.

Just found a go sum do chi doll and it's really really cute T_T

고슴도치 영어 단어를 모르니 저렇게 적은 걸 보고 웃음을 짓다가 마음이 짠해졌다. 서울에 있을 때 애완동물을 기르게 해달라고 수시로 졸랐다. 어릴 땐 물론, 강아지였다가 대학생이 되고 나서는 고슴도치를 기르겠다는 거였다. 알레르기 때문에 안 된다는 게 강력한 이유인 나를 설득하기 위해서 인터넷으로 각종 조사를 해본 다음 알레르기에도 상관이 없다면서 자꾸 졸랐다. 사실 나는 고슴도치를 그림책에서만 봤기 때문에 실제로 어떻게 생겼는지도 모르고 도대체 그런 걸 애완동물로 키울 수 있다는 얘기도 처음 들었다. 그러나 딸의 설명에 의하면 고슴도치만큼 이상적인 애완동물이 없었다. 키우기가 다른 어떤 동물보다도 수월할 뿐만 아니라 혼자 웅크리고 있지만 주인에게만은 반응을 한다나.

열심히 설명하는 딸에게 나는 무조건 안 된다고 해버리고 말았지만 속이 상했었다. 저 아인 도대체 언제까지 저렇게 엉뚱할까. 그게 요즘 이십대 아이로서는 평범한 건지도 모르겠지만 나는 고슴도치 키운다는 사람은 한 번도 본 일이 없는 데다가 정말 고슴도치 같기도 한 딸의 성향에 짜증이 난 거였다. 하고 싶은 일과 해야 할 일의 갈등을 긴긴 세월 내면화하면서 다 늙어서 둘 사이의 합일점을 만들어내고 있는 나와는 달리 이 녀석은 하고 싶은 일만 하고 해야 할 일은 외면한다. 그래서 생기는 문제들에 대해서는 오로지 회피하려고만 든다. 모를 일이지만 내 눈에는 그렇게 보여서 한창 걱정스럽고 짜증스러울 때였다. 돌아보면 이 아이에게 도대체 내가 얼마나 자주 '안 돼'를 했는지 모르겠다. 미안한 생각이 가슴 한켠에 늘 남아있는데 문득 이런 문자가 날아드니 갈등이 생겼다.

인형이 얼마나 예쁘고 독특할지도 짐작이 되었고, 그런 데 쓸 돈의 여유도 없지만 그런 걸 사고 나서 느낄 딸의 불편한 마음까지 고루 이해가 되어서 생각 끝에 그런 인형은 드물고 사기도 힘드니 갖고 싶으면 사주겠다고 대답을 해주었지만 그 이후로 연락이 없다. 녀석이 진짜로 그 인형을 샀는지 또 엄마가 '오버'한다고 생각을 했을지는 알 수 없다. 그런데 이번엔 내가 고슴도치 인형을 사고 싶어졌다. 문제는 인사동의 그 인형이 그닥 마음에 들지 않는다는 거다. 고슴도치 털이 곱슬머리처럼 두루뭉수리하고 너무 귀엽기만 한 게 뭐가 빠진 거 같아 보였다.

마음에 꼭 드는 물건을 잘도 보는 눈이 밝은 딸이 있다면 어디서든 찾아냈을 것이다. 20킬로 제한에 엄격하게 고르고 빼내기를 반복하던 짐을 싸면서도 코뿔이 인형을 챙겨가는 녀석, 아무것도 하기 싫고 그저 뒹굴뒹굴하면서 책이나 읽고 맛있는 거 먹고 친구들이랑 놀고 그러고 살고 싶다고 해서 나를 걱정시키던 녀석이 어젠 밤 12시가 딱 넘어서자 생일축하한다며 전화를 했다. 엄마 생일 '따위'를 기억하리라고는 기대하지 않았는데 시간을 카운트해가면서 전화를 했다는 녀석의 배려에 저절로 고마운 마음이 생겼다. 만날 힘들다는 소리만 하던 아이가 밝은 목소리로, "언어학 수업을 들어봤는데, 이거 꽤 재밌다? 여기 오길 정말 잘한 거 같아, 근데 한 학기가 너무 짧아!" 이러고 기운차게 말을 쏟아내는 걸 들으니 마음이 참 좋다. 아주 멋진 생일선물이다!

91

소포

내 눈에는 우리 큰 녀석이 하루 종일 뒹굴기만 하는 것 같아 보인다. 그래도 침대에 가보면 놓여있는 책이 가끔씩 바뀌어있고, 자기가 읽은 책들만 골라서 살뜰하게 메워놓은 책장을 보고 뿌듯해하는 걸 보면 뭔가 안심이 되기도 한다. 교환학생으로 프랑스에 가서 한 학기 동안 혼자 힘으로 잘 살다 왔는데, 지금은 자그만 거 하나만 필요해도 "엄마!" 하고 고함을 지르거나 아니면 아예 문자 메시지를 보낸다. 서로 문자로 대화하는 일에 익숙해있기는 하지만 스마트폰으로 바꾸고 나니 카카오톡 덕분에 더 심해졌다. 이런 녀석이 어떻게 자취생활은 했을까? 더러운 기숙사에 들어가서 몇 시간씩 청소를 하기도 했고, 음식도 다 만들어 먹었다니, 다 살게 마련인 모양이다.

다른 엄마들은 자식을 떠나보낼 때면 이것저것 잘 챙겨서 보내던데 나는 정신없는 와중에 애가 떠나게 되어 참으로 쿨하게도 먹을 것이며 살림살이는 안 가지고 가도 된다고 했었다. 내 유학생활을 떠올리며 겨우 몇 달 있는데 밥 해먹고 어쩌고 복잡하게 할 거 없다고 생각했던 것이다. 그런데 웬걸. 이 녀석은 아예 거기서 한 살림을 장만했던 모양이다. 결국 조리법들을 따로 적어서 보내주다가 급기야 몇 가지 먹거리를 사서 소포로 부쳤다. 거기서도 다 먹고 살 수 있는데 무에 그럴 거 있느냐 싶은 마음이 컸지만 소포를 뜯어보며 엄마가 오로지 자기를 위해서 알뜰살뜰 준비해서 보냈다는 느낌을 받게 하고 싶었다. 돌아보니 그랬던 기억이 별로 없어서 미안했던 것이다. 다음은 덜렁 소포만 부치기 뭐해서 곁들여 써서 보냈던 편지다. 컴퓨터 정리하다 나왔는데 지워버리려다 여기에 남겨둔다. 이걸 받은 딸아이의 기분이 어땠을까?

의진이에게

짐을 싸다 보니 엄마 마음에 맞게 되지 않는다. 우선 1차로 이렇게 보내야겠어. 반찬을 해보내고 싶지만 거기까지 가는 데 5일 정도 걸리고 더위도 아직 가시지 않아서 불가능이다. 날 좀 선선해지면 먹거리 위주로 다시 한 번 소포를 보내줄게.

생활용품들은 보면 알 거야. 그리고 먹을거리는 가능한 네가 장을 덜 보고 간편하게 해먹을 수 있는 데 도움이 되는 것들을 챙긴 거다. 다음을 참고!

볶음 해후란 열 몇 가지 야채와 해물 등등을 건조해서 볶은 양념 같은 거야. 가장 간단한 방법은 뜨거운 밥에 비벼서 먹는 거야. 참기름 약간 넣어서 먹으면 더 좋아. 그 밖에 계란말이를 할 때나 국수국물에 넣어먹어도 좋다더라. 춘

장은 짜장면이나 짜장밥을 해먹을 때 써. 전에 불로뉴에서 오세견 오빠가 짜장면 해주던 거 기억나지? 조리법은 따로 파일로 만들어서 메일로 보낼게.
엄마는 요새 다이어트 한다. 그 공류보감이라는 걸 먹고 저녁을 안 먹어. 아침도 대강 먹으니까 하루에 점심 정도를 제대로 먹는 건데 속도 편하고 좋네. 사람에게 필요한 음식물의 양이란 그렇게 많지 않은 모양이야.
네가 살림하는 걸 힘들어하지 않고 재미있어하니 다행이긴 하지만 수업이 시작되면 시간이랑 에너지를 잘 계산해가면서 써야지 쉽게 지칠 거야. 체력단련을 해서 면역력을 기르면 알러지 등도 좀 낫단다. 체육관에 뭐라도 등록하고, 작은 도시니까 편한 신발 신고 평소에 많이 걸어. 규칙적으로 먹고 자는 거 꾸준히 연습하고 기분 내키는 대로 행동하지 않도록 노력해봐. 이런 사소하고 단조로운 〈성취〉들이 믿을 수 없게도 사람을 좋아지게 만들더라.
언제든지 소포를 부쳐줄 수 있으니까 너무 고생하지 말고 엄마한테 얘기해. 겨우 6개월 있는데 뭐.

* 티셔츠 자른 것은 다 걸레로 써서 버리지 말고 남겨둬. 따로 행주 두 장이랑 걸레 하나 보낸다. 실바늘을 보내니까 그걸로 가장자리 바느질을 하든지 네가 애착이 있는 물건이니까 잘 모셔둬. 사진도 찍어놓고.

소포를 받아서 요긴하게 썼는지 어땠는지 모를 일이지만 내 딴에는 쓰고 버리고 와도 좋을 물건들로 고르고 꼭 필요한 것들을 챙기느라고 애를 썼었다. 그리고 얼마나 지났던가, 이번에는 딸이 소포를 보내왔다. 6개월 가있는데 무슨 소포는, 싶었지만 제 깐에는 엄마 생일이라고 목도리도 사고 동생 초콜릿이랑 아빠가 좋아하는 밤 잼도 넣고 무게가 제법 나가는 소포를 보냈다. 받는 일은 물론 즐거웠지만 우편요금을 생각하니 물건 값만큼은 나갔겠다 싶었다. 나 같으면 그런 계산을 해서 안 보내거나 귀국할 때 들고 올 텐데, 딸은 소포로 받아보는 즐거움, 메일이 아닌 카드를 받는 기쁨을 생각한 것이다. 이 아이의 계산법은 나랑은 이렇게 다르다. 이런 걸 어렸을 때부터 검소는 꼭 배워야 하는 미덕이라며 무던히도 잔소리를 했으니 얼마나 힘들었을 것이며, 무엇보다도 아무 소용도 없는 일이었다, 이렇게. 생활비가 넉넉하지 않을 거라는 걱정은 잠시였고, 어쨌거나 딸이 보내준 선물이 좋아서 방바닥에 주욱 늘어놓고 사진을 찍었다.

92

엄마는 혼자 살 생각이었어?

외출에서 돌아온 딸이 제 방에서 화장을 지우면서 열린 문틈으로 이것저것 묻는다.

"이모가 엄마보다 먼저 결혼했어? 왜?"

나이를 따져보니 제 이모는 이 아이보다 두 살 정도 많았을 무렵 결혼을 한 거 같다.

"이모는 무슨 생각으로 그렇게 빨리 결혼을 했대? 그렇게 좋았나??"

"모르지. 이모한테 물어봐!"

어느새 부쩍 커서 학교보다는 취직이니 결혼이니 그런 데 더 관심이 많을 나이가 되었다. 그래, 궁금하기도 하겠지 생각하는 순간 화살이 내게 돌아왔다.

"근데 엄마는 그럼 혼자 살 생각이었어?"

대답이 없자 독신주의자였냐는 물음이 이어진다. 글쎄, 독신주의, 그런 건 아니었지만 나는 저 나이에 결혼한다는 생각을 해보지 못한 것 같다. 그때만 해도 여자에게 결혼한다는 건 아이를 낳아 기르고 살림을 하고 두 배로 불어나는 어른들에게 순종하고 뭐 그런 그림으로 다가왔던 시절이었고, 여자가 사회생활을 하려면 전투력이 필요하던 시절이었다. 시대도 그랬고 나도 너무 극단적이어서 그랬겠지만 결혼의 단꿈에 젖어있는 또래들을 보면 인생이 너무 시시해 보이기 일쑤였고, 페미니즘을 주장하며 평등한 부부상을 설파하고 다니는 선배들의 건강함은 너무 단순하고 지루해 보였다. 소설과 인생을 혼동하고 있던 그 시절, 눈앞에 펼쳐진 현실은 오히려 허구처럼 보였고, 내 두 발은 땅을 딛고 서있는 것 같지 않았다. 세상은 믿을 만해 보이지 않았고, 이렇게, 저렇게 살아야 한다는 어른들의 조언은 매양 허망해 보였다. 그랬다. 그런데 결혼이라니.

그동안 세상이 바뀐 걸까? 우리 딸 생각은 전혀 다르다. 어려서부터 입에 달고 살던(그런데 왜 그랬는지 모르겠다!) 결혼 안 한다는 소리는 쏙 들어갔는데 귀찮은 가사노동도 육아도 할 생각이 별로 없다. 누구랑 결혼할지 모르지만 걱정이 될 지경이다. 딸들은 두 부류인 거 같다. 엄마처럼 안 살려고 애쓰든지 자연스럽게 엄마처럼 살게 되든지. 우리 딸은 둘 중 어떤 쪽이 될지 모르지만 엉뚱맞게 툭툭 던져대는 말들을 보면 인생관이 의심스럽다. 결혼 안 한다는 소리에 이어서 아이 안 낳는다는 소리까지 들어간 건 좋은데 애 키우는 건 한사코 안 하겠다는 입장은 아직도 확고하다.

"그럼 애는 누가 키워?"

말도 안 되는 소리로 주거니 받거니 할 필요 없이 실질적인 질문을 던져보았다.

"몰라. 남편이 하겠지!"

남편이라니, 내 참! 한치 망설임도 없이 '확실한' 대답이다. 이왕 내친 걸음, 나는 같은 노선으로 밀고 나갔다.

"글쎄…… 딴건 몰라도 애 키우는 건 한 사람이 확실하게 맡아서 해야 해."

내 경험담이다. 육아는 중심이 있어야 하고, 다른 가족들은 보조적인 역할만 해야 한다.

"그럼 넌 백수 남편을 골라야겠다, 야."

가사노동도 육아도 다 남편이 해야 한다고 당연하게 생각하는 이 아이에게 해줄 말은 그것밖에 없었는데 딸은 짜증을 냈다. 웬만하면 자기가 이기는데 이렇게 짜증을 낼 때는 엄마 말이 맞다고 생각될 때다. 물론 호락호락 넘어오지는 않는다. 공부해라 어째라 그런 잔소리를 하면서 키우던 때는 오히려 쉬웠던 것 같다. 교과서 없는 인생살이, 부모로서 본보기가 될 수밖에 없다는 생각을 하면 더럭더럭 겁이 난다.

93

글쓰기 싫다

기계치였던 내가 어느덧 온라인 공간에서 가장 편하게 호흡하면서 살고 있다. 내 인생이 대체로 내가 의도한 것과는 전혀 다른 방향으로 흘러가고 있지만 기계들에 대해서도 그건 마찬가지다. 모두가 이메일 계정을 가지기 시작하던 무렵에 나는 도대체 그게 뭔지 감이 오지 않았다. 유행이라는 건 일단 싫어하고 보는 나는, 전자우편이라니, 그렇게 복잡한 거 없이 살겠다고 생각했었다. 그런데 이메일 계정이 없어서 불평을 하는 것은 내가 아니라 남들이었다. 불친절하고 불편한 필자가 되지 않기 위해서 이메일을 쓰기 시작했는데 그로부터 새 세상이 열린 것 같다. 낯을 가리고, 말하는 것을 싫어하는 내게 이메일, 블로그, 네이트온, 핸드폰 문자는 숨쉬기를 편하게 해주는 느낌이다. 그러다 보니 오늘날, 우리 아이들과도 싸움이며 대화도 주로 문자나 네이트온으로 한다.

큰아이가 프랑스에 교환학생으로 가있을 때였다. 시차가 안 맞아서 전화도 힘들고, 안부전화도 생전 안 하는 딸과 대화가 가능했던 것은 네이트온 덕분이다. 네이트온은 회사 내에서 직원들과 대화할 때만 켜두는데, 딸을 그때 친구로 등록을 해됐다. 그랬더니 귀국 후에도 가끔 동시접속이 되면 대화를 할 때가 있고, 자주 바뀌는 닉네임으로 아이의 근황을 짐작하기도 한다.

그런데 요즘 닉네임이 '글쓰기 싫다'다. 참 내, 얼마나 글쓰기가 싫으면 저럴까 싶지만 그 쓰기 싫다는 글이라는 게 다른 게 아니고 숙제나 시험시 답안이니 참 딱하다. 공부하기 싫다고 하면 이제 나는 "빨리 졸업해버려라. 그럼 공부 할 일 없어" 이렇게 말해준다. 사실 대학만 졸업하면 공부를 의무적으로 해야 하거나 시험을 보는 일은 얼마든지 피하면서 살 수 있으니까. 그런데 글이야 사정이 좀 다르다. 사회생활을 하려면 공문을 작성하거나 보고서, 사유서 등등 써내야 할 일도 많고 하다못해 아이를 키워도 편지를 써야 할 때가 더러 있는 법 아닌가. 할 수 없이 내 입에서는 이렇게 말이 나간다.

"어떡하냐…… 왜 그러지……?"

그렇지만 이 문제에 대한 딸의 해답은 내 생각과는 전혀 다르다.

"어렸을 때 엄마가 글 쓴 걸 하도 고치라고 해서 그렇잖아! 딴 애들은 다 대충 해서 내는데, 쓰기 싫어 죽겠는데 쓴 걸 또 다시 쓰라니까 얼마나 지겨웠다고! 그러니까 그때부터 글 쓴 거 절대 남한테 안 보여주고, 쓰기 싫어지고 그런 거잖아!!"

아, 그때 상황이 또렷이 생각난다. 숙제로 쓴 글을 보니 재미있었다. 몇 군데 고치면 좋은 글이 될 것 같은데 아이들 글에 손을 대주면 안 된다는 원칙을 지키느라고 어색한 부분에 밑줄을 쳐주고 다시 쓰라고 했던 것이다. 애는 죽상을 하고 나는 화를 내고 그랬던 기억이 있다. 그러고 보니 그 이후로 아이는 절대로 내게 숙제한 것을 보여주지 않았고 나도 그걸 오히려 편하게 생각했던 것 같다. 그래도 그렇지! 말이 안 된다. 그게 십년도 더 넘은 일인데 대학교 4학년씩이나 되어가지고 이게 숙제하기 싫다고 '엄마'한테 할 말인가 말이다!! 그런데 이상하게 화가 나기는커녕, 뭔가 깨달아졌다. 나 같으면 그런 도움을 받으면 참 좋았겠지만 이 아이는 나랑은 다르다, 달라도 한참 다르다. 이제야 드는 생각인데 얼마나 싫었을까 싶다. 싫은 것과 좋은 것을 극명하게 구별하고 싫은 것은 죽어도 싫은 이 아이는 어떻게 해볼 수가 없다. 이것은 지금 내 생각이고, 그때는 좋고 싫은 것보다는 해야 하는 것과 하지 말아야 하는 것이 더 중요한 구분법이라고 생각했었다. 사실 그 생각 자체에는 틀린 것이 없다. 아무리 싫은 것에도 좋은 부분이 있고, 아무리 좋은 것에도 싫은 부분이 있는 법이니까. 그러나 어쩌랴. 맞고 틀리는 것이 문제가 아니고 제 인생 제가 알아서 제 맘대로 살 건데! 내 입에서는 저절로 엉뚱한 말이 나갔다.

"그랬구나…… 우리 딸이 그때 그렇게 싫었구나…… 어쩌냐, 미안하다, 야……" 그랬더니 저도 황당한지 입을 다물어버렸다. 그러고 나서는 '글쓰기 싫다' 문제는 일단락된 줄 알았다. 그랬더니 오늘 아침 현관에서 신발 신으면서 또 같은 소리다.

"글 쓰는 거 정말 싫어! 한 단락이면 되는데 왜 몇 단락씩이나 쓰라는 거야?"

내 참, 시험 답안 작성에 관한 이야기인가 보다. 그러나 이 아이는 글을 잘 쓰는 편이다. 타고난 정확성과 언어감각에 밤낮 수첩이며 아이폰 혹은 싸이월드 등등 비밀공간에 뭘 쓰고 있으니 그걸 다 연습량으로 치자면 어마어마할 것이므로 못 쓰기도 어렵다. 다만 자의식 과잉에다가 지나치게 자기중심적이어서 읽는 사람의 호흡을 생각하지 못할 뿐이다. 이번에는 좀 다르게 말해보았다.

"이쩌냐, 그래도 써야지! 그게 다 타인에 대한 배려인 거야. 읽는 사람 입장도 생각을 해야지. 제 할 말만 딱 해놓으면 되냐!?"

가만히 듣더니 딸은 대꾸를 안 하고 입을 다물어버렸다. 현관문을 닫고 나서는 애한테 한마디 더했다. "시험 잘 봐라~" 생전 안 하던 소리다. 현관문이 막 닫히려는 순간 열린 틈으로 딸의 작지만 긍정적인 색깔의 대답 소리가 들렸다.

"응."

의외였다. 결국 아이와 대화를 하기 위해서는 아이의 정서상태에 대해서 주의를 기울이고 있어야 하는 것이다. 아이에게 눈을 대고 있어야 하는 것이다. 한두 마디 말을 주고받는 데 시간이 걸리는 건 아니지만 그 한두 마디는, 수없이 많은 마음의 시간들, 시시콜콜하고 자질구레한 일상의 희로애락을 살피는 정성이 없이는 '소통불능'이 되어버리는 것이다. 아이를 키우는 엄마면 누구나 당연하게 알고 있는 이런 것을 이제야 깨닫는 나는 늦되도 한참 늦된 '엄마'인 걸까. 이 아이는 책에 나와있는 대로 유년기-청소년기-청년기를 순서대로 살지 않고 제멋대로 살고 있는 걸까, 헷갈린다.

94

나는 지적 능력이 없나 봐

성적을 확인하고 들어온 딸이 자조적인 말투로 내뱉었다.

"난 지적 능력이 없나 봐!"

생전 안 하던 공부를 한다고 씨름을 하더니 결국 시험은 잘 못 본 모양이다. 나 같으면 그럴 때 기가 죽는다. 그런데 이 아이는 화를 내고 있다.

"옛날에는 공부를 안 했으니까 성적이 안 나왔다고 쳐, 이건 뭐 공부를 했는데도 이게 뭐냐고!"

점수가 얼마나 나쁜지는 모르지만 성적 때문에 스트레스 받는 게 딱하다. 남들은 성적 잘 못 나오면 부모 눈치 본다는데 나는 딸 눈치가 보인다. 얘는 왜 이렇게 거꾸로일까. 사실 성적이 나쁜 것도 아닌데 수석으로 입학하는 바람에 4년 내내 그놈의 학점 스트레스를 받고 있다. 대학입학과 관련한 우여곡절 끝에 파란만장한 생활을 하고 있는 터라 나는 아예 마음을 비우고 있는 중이다. 빨리 졸업해서 성적 같은 스트레스나 안 받았으면 하는 소박한 희망을 가지고 있을 뿐이다.

시험이니 성적이니 하는 것들에 대해서 이 아이는 어렸을 때부터 자기만의 의견이 있는 것처럼 보였다. 남들 다 하는 학습지며 학원 같은 것을 안 시키고 4학년이 되었을 때 처음으로 수학 문제집을 사줬다. 애가 바보는 아닌 것 같기도 하고 얼마나 하나 보자 싶어서 혼자 풀어보라고 했다. 처음에는 엄마가 문제집을 주고 채점을 해주고 하는 일을 마음에 들어하는 것 같더니 금세 싫증을 냈다. 4학년부터 수학이 어려워진다기에 은근히 걱정도 되고 해서 이왕 시작한 거 끝까지 하자고 했더니 문제집 풀러 들어갔다가 나와서 죽을상을 하고 내게 물었다. 엄마는 초등학교 때 배운 수학, 지금 어디다 쓰냐고. 지금도 그 골똘한 표정이 생각난다.

워낙 엉뚱한 질문에 시달리던 때라 귀찮아서 쓸데없는 소리 하지 말고 들어가서 공부하라고 야단을 쳤는데, 돌이켜보니 얼마나 머리를 썼을까 싶다. 하기 싫다는 그 마음을 좀 알아줬어야 하는데, 그리고 그 물음에 진지하게 대답해줬어야 하는 거 같다. 순발력이 없는 나는 항상 뒷북을 치는 편이다. 거꾸로 이 아이는 툭 하고 제가 던진 질문을 쉽게 잊어버리는 편이고. 결국 아이가 저만치 가버리고 나서야 나는 대답을 마련해서 아이에게 말을 걸지만 반응은 신통하지 않다. 만약에 아이가 그 질문에 몰입해있을 때, 수학공부가 사고에 미치는 영향까지는 설명하지 못하더라도, 단순히 상급학교 진학을 위해서는 지금 당장 수학을 잘 해두는 편이 기나긴 학생생활이 덜 불행할 거라는 정도의 대답만 해주었더라도 나았을 텐데 아이는 수학을 잘해야 할 필요가 없다고 단정을 내린 모양이었다.

공부에 대한 아이의 의견은 중학교에 가서도 별로 바뀌는 게 없었다. 공부란 반에서 한 5등 정도 하면 되는 거지 뭘 애써서 공부해서 1등을 하려고 하는지 이해하지 못하는 아이는 제 생각대로 성적을 받아왔다. 나는 슬슬 걱정이 되었지만 애는 태평이었다. 그러던 아이가 외고에 가겠다는 결심을 하고 나서 모든 게 달라졌다. 중3, 너무 늦은 거 아닌가 싶은 때였다. 갑자기 학원에 등록을 하고 밤 열두 시가 되어서야 집에 들어오는 나날이 길어졌다. 잠이 유난히 많은 아이가 어떻게 해내는지 모를 일이었다. 밀린 공부를 한꺼번에 하느라고 팽팽하게 긴장해있던 아이가 하루는 거실바닥에 쓰러지듯이 드러누워 떼를 썼다. 엄마 때문에 죽겠다고 짜증을 냈다.

"아니 왜, 그게 엄마 때문이야, 엄마가 외고 가라 그랬니?"

이 질문에는 참으로 이 아이다운 대답이 돌아왔다. 딴 애들은 다 어려서부터 엄마가 공부를 많이 시켜서 단련이 되어있지만 자기는 안 하던 공부를 하려니까 꼭 죽을 것만 같이 힘이 들다는 거였다. 같은 말이라도, 엄마가 어려서부터 공부를 시켰으면 더 좋았을 뻔했다고 할 수도 있을 것을 이 아이는 앞뒤 다 잘라먹고 그렇게 신경질을 부렸다. 어려서도 떼를 쓰는 일이 없이 자란 아이가 그러는 걸 보니 공부는 고사하고 애가 귀엽기만 했다. 어차피 나는 이 아이가 합격할 거라고 생각하지 않고 시작한 공부였다. 그저 선행학습이란 걸 해두면 고등학교 가서 손해날 일이 없다고 생각했을 뿐이다. 떨어지면 상처 입는다고 말리는 사람들도 있었지만 아이 성격상도 괜찮을 거 같았고, 떨어지고 나면 위로해줄 멘트까지 준비해두었더랬다.

"남들은 외고 가려면 초등학교 때부터 준비해. 그런데 너 잠깐 준비해서 붙었으면 다른 애들 억울해서 살겠냐."이렇게.

그런데, 이 아이는 합격을 하고 말았다. 그 합격 전화를 받던 날의 놀라움이 아직도 생생하게 기억난다. 그러나 외고 입학, 거기서부터 이 아이의 인생은 엇나가기 시작한 거 같다. 본인의 판단은 어떤지 모르겠지만 내 생각에는 외고에 보내지 말았어야 했던 거 같다. 풀어보자면 긴긴 이야기가 될 우리 딸의 고등학교 시절, 그러나 그건 또 다른 이야기이다.

95

엄마가 나 평생 키우면 안 돼?

매일 밤늦게 들어오고, 내가 출근할 때는 항상 자고 있는 딸을 요즘은 좀 자주 본다. 시험이며 과제며 공부해야 하는 게 많다면서 일찍 일어나기도 하고, 심지어 집에서 공부를 하기도 한다. 집에서는 집중이 안 된다면서 도서관이나 카페 같은 곳에서만 공부를 하신다니, 고등학교 때부터 지금까지 나는 애가 공부하는 걸 본 적이 거의 없다. 그런데 이제 거실이고 식탁이고 제 방이고 안 가린다. 비록 아침에 일어나보면 책이랑 컴퓨터랑 우유랑 과자가 널부러져있는 게 짜증나지만 뭔가 기특해서 야단도 못 치고 있다. 하지만 구경하는 게 재밌는 건 내 사정이고 애는 죽을 맛인 모양이다. 공들여 치장을 하고 등교하던 애가 후줄근한 차림으로 다분히 '학생'스럽게 하고 다니면서 힘들어 죽겠다고 징징거리더니 어느 날 저녁 집에 들어오는 길로 소파에 가서 펄썩 드러누우며 이런다.

"엄마가 그냥 나 평생 키우면 안 돼? 나는 그냥 빈둥빈둥하면서 살고."
"글쎄, 엄마는 나쁘지 않겠는데…… 근데 넌 괜찮겠어?"

진심이었다. 감각이 맞는 부분이 많은 이 아이 아니, 이제 어른인 딸이랑 함께 살면 우울질인 나도 재미있는 날이 많을 것 같았다. 그런데 진심은 통하는 걸까, 아이는 대꾸할 말을 찾지 못하고 우거지상을 하고 누워서 핸드폰만 만지작거리고 있다. 취직이 왜 쉽다고 생각하는지, 공부하기 싫으니까 취직하면 된다고 큰소리치던 이 녀석. 제 선배가 취직 못하는 걸 보고 충격을 받았다. 핸드폰 메인화면에 '나는 가수다' 패러디라면서 '나는 사학년이다'라고 써넣고 다니면서 '뭐 해서 먹고 사나' 고민하는 중이었다.

그러는 아이를 보고 있자니 어쩜 저렇게 어렸을 때랑 똑같을까 신기하다. 다섯 살 때였나, 〈개미와 베짱이〉 그림책을 잠자리에서 읽어주다가 애가 울음을 터뜨린 일이 있었다. 그 이야기에서 베짱이처럼 놀지만 말고 개미처럼 열심히 일(공부)해야 된다는 '교훈'을 못 알아듣는 아이가 있다는 소리는 들어본 적이 없는 나는 적잖이 당황했다. 도대체 뭐가 슬픈 건지 도저히 이해할 수 없었다. 애를 달래면서 물어보니 아이는 개미가 너무하다고 화를 냈고, 베짱이가 불쌍하다면서 계속 울었다. 내 참, 그러니까 이 아이는 베짱이가 될 아이였나 보다. 베짱이 입장에 몰입하다 보니 개미는 완전 나쁘게 보였나 보다. 참 엉뚱한 대답이었지만 그 대답은 나를 생각하게 했다. 그림책의 글이 아니라 그림을 가만히 들여다보니 진짜 그렇다는 생각이 들었다. 추운 겨울날 헐벗은 베짱이가 개미에게 쫓겨나서 눈보라치는 벌판을 혼자 걸어가는 두 페이지에 걸친 어두운 그림이 글을 모르는 아이에게는 충분히 비극적으로 다가가고도 남을 것 같았다.

이날 밤의 소동(?) 때문에 나는 그림책이 아닌, 프랑스에서 나온 라퐁텐 우화 원서를 찾아서 읽어봤다. 그리고 문제를 느끼고 이솝에서 라퐁텐 그리고 레오 리오니로 이어지는 같은 이야기, 다른 버전에 대한 글을 쓰고 그런 식으로 쓴 글들을 묶어서 첫 책, 『책 밖의 어른 책 속의 아이』를 내었더랬다. 어렸을 때 이 아이는 항상 이렇게 엉뚱하고, 매사 진지한 나는, 얘가 왜 그럴까 이해하느라고 바빴다. 그리고 이 아이가 커서 과연 뭐가 될까 늘 궁금했었다. 그런데 스무 살이 훌쩍 넘도록 크고 보니 그때나 지금이나 똑같다! 어쩌면 자기 아이가 커서 어떤 사람이 될지는 어렸을 때 다 알 수 있는지도 모르겠다.

96

아들의 외박

“엄마, 들어봐.”

이렇게 시작한 아들의 말은 그렇게 길지 않았다. 친구들과 찜질방에서 모여 노는 중인데 두 명은 집에 가고 나머지 아홉 명은 거기서 자고 다음 날 학교에 간다는 얘기였다. 집보다 찜질방이 학교에서 월등하게 가까우니 그게 매력이기도 했다. 그러나 그보다는 조르거나 우기지 않고 엄마가 충격받거나 허락하지 않을까 봐 그냥 들어보라면서 시작하는, 자기 주장 속에서도 엄마를 배려하는 게 고마워서 그러라고 했다.

그게 어제 저녁 일이다. 오늘 아침에 전화를 해보니 자다 깼는지 사뭇 불친절하다. 학교에 갔다가 방과 후 수업 하고, 선생님이랑 저녁 먹고 온다고 하더니 불쑥 전화가 왔다. 친구 생일이라 노는 중인데 영화가 끝나는 시간에 들어온다고. 그런데 여전히 통보가 아니고 ‘허락’을 구하는 모드다. 이참에 화를 내볼까, 안 된다고 해볼까 하는데 “집에를 너무 오래 안 들어간 거 같아서……” 운운하는 녀석이 우습다. 영락없이 ‘미성년’인 거다. 짐짓 엄한 척하면서, “알았어, 영화만 보고 들어와. 더 늦는 건 심한 거 같애"라고 해줬다. 좋아라 하는 모습이 전화기 너머에서 느껴지는 게 귀엽고 안심이 된다.

수능이 끝났으니 놀고 싶기도 할 것이다. 수시 붙은 친구들은 또 놀자고 얼마나 기다렸을 것인가. 그러나 그놈의 '시험' 때문에 미루고 있었던 많은 생각들, 이제는 몰아서 할 때가 되지 않았을까. 그런 얘기를 녀석에게 어떻게 풀어놓아야 노는 데 방해 안 되고 피곤하지 않을 수 있을는지 궁리중이다.

97

나, 이제 성인이라고!

한 시간 반 후면 아들이 밤기차를 탄다. 그저께던가? 녀석이 '통고'를 했다. 친구들이랑 여행 간다고. 어차피 수능 이후, 외박이 잦고, '친구들'이랑 워낙 몰려다녀서 그런가 보다 했다. 그런데 이번엔 좀 다르다. '들'이 빠지고 딱 한 친구랑 둘이서 간단다. 이유라고는 이번 여행의 테마가 사진인데 사진에 관심 있는 친구가 하나뿐이라서라나. 그래도 살짝 걱정이 되었다. 그런데 그게 바로 오늘일 줄이야! 게다가 밤차 타고 가서 그다음 날 밤 12시에 도착하는 무박2일일 줄이야!!

좀 놀라서 이거, 허락을 해야 하나 말아야 하나 은근 헷갈리는 와중에도 '친구'집에서 허락이 떨어지지 않을 것 같다는 계산을 하고 있는데, 웬걸, 친구는 이미 허락을 받았단다. 한파가 몰려온다는데, 이 녀석들은 여행계획을 이상하게도 짰다. 자전거를 들고 밤차를 타고 새벽에 목포에 내려서 배를 타고 안좌도에 가서 자전거로 섬을 한 바퀴 돈단다. 아무리 생각해도 자전거를 탈 계절은 아닌 거 같다. 그러나 녀석의 자세는 확고했다.

"나, 이제 성인이라고!"

성인? 그게 뭔 일에도 부모 의견 따윈 필요없다는 뜻인가? 뭔 놈의 '성인'이 그렇게도 앞뒤 없는 계획을 세울까?? 걱정도 잠시 뒤로 하고 짜증이 났다. 그래, 고생 좀 해봐라. 설마 얼어죽기야 하겠냐. 앞으로 겨울에 자전거 여행을 하는 것에 대한 의견을 바꿀 시간은 얼마든지 있겠지.

무심한 척하고 나니 도대체 왜 듣도 보도 못한 안좌도냐는 내 물음에 녀석이 정상(?)으로 돌아와 자세한 설명을 시작하는데 내심 놀랐다. 그냥 찍은 거라는 한마디 말은 그렇다 치고, 한반도 지도에서 목포와 그 주변 섬들을 보여주고 문제의 안좌도 지도를 가져와 섬을 일주해봐야 40킬로미터라는 둥, 새벽 어선을 타고 싶었지만 새우잡이로 끌려갈까 봐 참았다는 둥, 오늘 날씨는 남해안에 눈이 1센티미터 내리지만 내일은 맑음이라는 둥 오가면서 기차에서 자는 여행이지만 혹시 시골에서 재워주는 사람을 만나면 하루 더 있을 수도 있다는 둥…… 아들의 설명을 들으면서 생전 혼자 여행이라곤 안 해본 녀석치고는 꽤 치밀한걸, 하고 내심 놀라는데 녀석이 이런다.

"근데 안좌도에 김환기 생가가 있대. 신기하지?"

우리 집 바로 앞이 환기 미술관이다. 이 녀석이 과연 환기 미술관에 들어가보기는 했는지 모르겠지만 우연치고는 신기한 건 사실이다. 밤 열한 시에 기차를 탄다면서 아침에 우리 집으로 온 친구랑 둘이 나가서 하루 종일 뭘 하는지 모르겠다.

참견 안 하려고 이제야 전화를 해보니 목소리가 들떠있다. 용산역이라면서 기분이 좋단다. 왜 안 그렇겠는가. 공항이나 역은 갈 때마다 설레는 곳인데…… 아이들은 길 위에서 자란다는데 여행담이라도 들어보려면 돌아올 때까지 전화하지 말고 조용히 기다릴 일이다.

98

돈 좀 쏴줘요 ㅠㅠ

아침에 커피를 끓이다가 아들 생각이 나서 전화를 했다. 전화를 받자마자 내지르는 귀찮은 듯한 목소리.

"와이?"

아침 배는 탔는지, 바다는 보이는지, 날이 추운데 옷은 잘 껴입었는지, 기분은 어떤지 궁금해서 전화한 거였는데 이건 뭐…… 왕잔소리만 하고 끊어버리려니, 변명처럼, 너무 추워서 전화기 붙들고 있는 것도 힘들고 자전거가 고장나서 수리 맡기느라 계획했던 대로 못하고 배시간을 늦추고 등등…… 힘든 모양이었다. 집 떠나면 고생이라는 걸 제대로 실감하겠구나, 내심 흐뭇해하고 끊었다. 전화하지 말아야지 다시 결심하면서. 출근길에 문자가 왔다.

엄마 나 지금 배 타고 안좌도로 이동중 근데... 생각보다 경비가 많이 나와 ㅠㅠ
예상치 못한 자전거 수리비도 있었고... 회도 꼭 먹고 싶은데 돈 좀 쏴줘요 ㅠㅠ

웃음이 났다. 그렇지. 돈이 필요하면 엄마 생각이 나는 거지. 그런데 이 녀석 참 한심하다. 용돈 준 지 얼마 안 되었으니 일단 쓰고 나중에 달라고 하면 될 텐데! 퍼뜩 생각나는 게 있다. 이 녀석과는 돈 문제로 티격태격하는 때가 많은데 아들이 소비성향이 강해서도 아니고 엄마가 너무 돈을 안 줘서도 아닌데 문제는 다른 데 있는 거 같다.

가기 전날이었다. 온갖 것을 다 찾아보고 준비하던 녀석이 지원 좀 안 해줄 생각이냐고 물었다. 지원은 무슨 지원! 농담이라도 하면 이 녀석은 고민 들어간다는 걸 알고 가만히 있자니 생각보다 교통비가 많이 든다며 미안한 목소리를 낸다. 그렇겠지, 남쪽 끝까지 다녀오는데…… 여행비를 청구하지 않는 걸 오히려 의아하게 생각하고 있던 나는 교통비가 3만원이 넘는다길래 인심을 쓰자는 생각으로 5만원을 내밀었다. 그런데 아들 반응이 뜻밖이었다. 돈을 받아들고 쳐다보더니 단호하게, "너무 많아" 이러면서 이만원을 돌려주는 게 아닌가. 그냥 가지라고 해볼까 하다가 나도 "그래?" 하면서 도로 지갑에 넣어버렸다. 녀석, 지금쯤 얼마나 후회가 되면 이런 문자를 보냈을까.

그동안 아들이랑 돈 문제로 서로 기분이 안 좋은 적이 많았던 것은 녀석이 돈을 많이 타내려고 해서가 아니라 자기 나름대로 예산과 지출이 잘 맞지 않는 것에 신경이 쓰여서였던 모양이다. 뭐가 안 맞는 게 싫은 것이었나 보다. 매사 그냥 되는 대로 편하게 못하고 이러저리 궁리하고 계획하는 성격도 그러고 보니 날 닮은 모양이다. 나도 모르게 내가 그렇게 교육을 한 걸까? 사람이 성격 따라 살게 마련인지라 편하게 살게 해주고 싶지만 내가 변하지 않는 담에야 불가능한 일이겠다.

99

요즘 대학교 입학식

아들이 어제 입학식을 했다.

내 기억에 의하면 대학교 입학식 하던 날 새 옷 차려입고 식구들과 함께 학교에서 '식'을 마치고 교정에서 꽃다발 들고 사진을 찍고, 학교 앞 갈비집에서 점심을 먹었다. 아직 추운 날씨에 블라우스와 투피스를 턱없이 차려입고 웅크린 모습이 사진 속에 남아있다. 요즘도 신촌을 지날 때면 이제는 먹자 골목이 되어버린 길에 번듯하게 서있는 '형제갈비' 집을 보면서 기와지붕, 허름한 뒷방, 신발을 찾아 신고 화장실에 가던 기억을 떠올린다. 그러니 당연히 아들 입학식에 가서 사진을 찍어줘야 하는 줄 알았다. 그런데 '별로 하는 거 없다'고 오지 말란다. 그래서 안 갔다.

가장 평범한 옷을 입고 카메라도 안 들고 혼자 아침에 나갔던 녀석이 새벽 3시에 들어왔다. 같은 반 친구들이 네다섯 명이나 한 대학에 입학하는 바람에 저들끼리 모여서 실컷 놀고 온 모양이다. 출근준비 다 하고도 아들 녀석한테 몇 마디 얻어들을까 하고 못 나오고 식탁에 앉아있었다. 일정 보고하는 사람처럼 녀석이 간단하게 주워섬기는 입학식 풍경은 우리 때랑 참 달랐다.

아들 입에서 가장 먼저 나온 말은 등록금 인상을 둘러싼 학생회측과 학교측의 마찰이었다. 잘 들리지도 않는 자체 스피커로 방송을 하고, 유인물을 종이비행기로 접어서 신입생들에게 배포하려던 학생회측과 학교측이 동원한 경비업체 사람들이 몸싸움 벌이는 걸 코앞에서 봤다고했다. 인터넷에서 대학 등록금 동결이라는 뉴스를 읽고 난지라 의아했는데 4대 대학 중에 자기네 학교만 등록금을 인상했단다.

대학에 다니는 큰애가 있어서 간간히 얘기를 듣기는 하는데 요즘은 대학생들이 사회 정의를 위해서 고민하고 움직이는 일은 별로 없는 모양이다. 등록금 문제가 큰일이기는 하지만 등록금 이외의 일로 학생들이 단체행동을 한다는 얘기는 들어본 적이 없다. 체류탄 연기, 굳게 닫힌 교문, 짭새들, 무장을 한 군인 그리고 경찰들, 화염병, 시위대, 행동하지 않는 자들에 대한 비난, 밤새 토론이 이어지던 술판, 또는 노래로 또는 울음으로 또는 박차고 나가던 혈기왕성한 젊음 혹은 절망. 내 기억 속의 대학이란 그렇다. 그런 얘기를 애들에게 몇 번 해주기도 했다. 그게 어떤 건지 이 아이들은 아마 상상도 할 수 없었을 텐데 '진짜로 몸으로 막 밀치고 때리더라'며 놀라는 아들을 식탁 맞은편에서 건너다보고 있자니 격세지감이 절로 든다. 그만큼 우리 사회가 민주화되어서 그런 거라면, 정말 그런 거라면 얼마나 좋으랴. 아니 그런 날이 정말 오기는 오는 걸까!

여튼 아들이 주워섬기는 입학식은 강당에서 뭔가의 식을 간단히 끝내고 과별로 강의실에 모여서 학교가 나눠주는 도시락을 먹고 다시 강당에 모여 아무도 듣지 않고 들리지도 않는 '보람찬 대학생활' 안내와 '양성평등 교육'을 받았단다. 간단 보고를 마치고 자기 방에 들어가 오늘은 '학교 연구'를 끝내버려야겠다며 각종 안내 책자들을 보고 있다. 두툼한 책들이 한아름이다. 과연 저 종이들 속에 대학과 젊음의 사용법이 들어있으려나……

나날이 복잡하고 세련되고 자세하게 화려해지는 대학가 앞 풍경을 보면서, 청소년소설 속의 아이들과 취업난에 내몰리고 있는 매스컴 속의 아이들 그리고 내 아이들, 내 아이들의 친구들과 내 친구의 아이들을 떠올리면서 나는 종종 요즘 아이들의 방황은 과연 어떤 것일까 상상해보곤 한다. 그러나 여전히 알 수 없다. 그럼에도 불구하고 소통이 가능할 것이라는 기대로 아이들한테 귀동냥이나 해볼까 하고 이 눈치 저 눈치 보느라 매일매일 많은 걸 포기하고 있다.

100

학부모 간담회

애들 둘을 학교에 보내면서 학부모 회의라는 말만 들으면 마음이 편치 않았다. 가도 스트레스가 쌓이고 안 가도 마찬가지이니 그냥 가지 말자, 쪽으로 입장을 정하고 굳건하게 잘 지냈었다. 그런데 아들 녀석이 고등학생이 되면서 사정이 달라졌다. 아이의 성적은 엄마의 정보력이라나 뭐라나 그런 소리를 애도 들었는지 엄마도 학부모 회의 같은 데 좀 가고 그러라는 것이었다. 얼른 계산을 해봤다. 잘해야 3년, 그중 1년은 프랑스 학교. 그러니 몇 번 안 가도 되는 일이라 그러마고 했다. 그렇게 가다 말다 하다 보니 시간은 얼추 지나갔다. 그리고 아들은 올해 대학생이 되었고 별로 한 건 없지만 나도 덩달아 뭔가 '졸업'한 기분으로 홀가분했다. 그런데 아들의 학교에서 편지가 왔다.

"대학생을 둔 대부분의 학부모님들은 자녀들이 대학에 입학하자마자 의무가 끝난 듯이…… 대학생활이 평생에 걸쳐 깊은 영향을…… 유심히 살피고…… 상당한 관심을 기울이실 필요가 있습니다."

바로 그 전날, 우리나라 아이들은 대학에 들어가기까지 오로지 입시공부만 했기 때문에 진로를 찾는 데 유난히 힘들어하므로 길을 찾는 걸 도와주는 게 맞다는 얘기를 들었었다. 우리 아들 헤매는 것 보면 딱 맞는 말이기도 했다. 그래서 그 '간담회'에 가봤다. 바깥세상에 잘 안 나가는 나는 이렇게 엉뚱한(?) 자리에 가면 재미있는 걸 많이 발견하는 편이다. 이날도 그랬다. 주제와 상관없는 소소한 구경거리들 중에서 큰애가 재미있어할 대목을 골라서 수다거리로 삼았다.

"동생네 학교는 글쎄, 학사경고 받으면 부모님 모시고 오라고 한대!"
"우리 학교도 그래. 내가 학사경고를 안 받으니까 엄마가 모르는 거야!"

내 참, 우리 때는 학사경고 받고도 낄낄대면서 무슨 훈장 탄 것처럼 으스대곤 했는데, 세상이 많이 달라졌다. 근데 더 달라진 건 아무래도 애들 쪽인가 보다. 수다가 길어질수록 재미있는 얘기가 많았다. 학사경고 자주 받는 애들 중에는 부모님 모시고 가기 미안해서 친한 식당 아줌마한테 부탁하는 경우도 있단다. 유유상종이라더니 우리 딸 주변에는 평범치 않은 애들이 포진하고 있는 모양이다. 스무 살 넘은 애들은 독립시키는 게 맞다더니 정황이 어떻든 그게 맞는 거 같다. 애들도 무슨 생각이 있겠지. 어떻게든 하겠지. 그렇게 생각하려 애쓰는 중이다.

101

엄마, 내가 업고 갈까?

몸이 아프면 병원에 간다. 그런데 병원에 오래 다니다 보면 과연 의사가 내 병을 알고 있는 걸까, 의심이 든다. 게다가 별거 아닌데도 깨끗하게 낫지 않고 계속 병원에 다녀야 하는 병이 생각보다 많다. 천식도 그런 병이다.

대학병원 호흡기내과에 오래 다녔다. 그러나 주기적으로 검사비만 지출했을 뿐 매번 처방해주는 약은 같았다. 게다가 천식은 낫는 병이 아니라 관리하는 병이다, 증상이 없어도 꾸준히 흡입제를 써야 한다는 건 상식이다. 그러니 천식과의 화해로운 공존은 사람이 얼마나 성실하고 끈기 있는가에 달려있는 모양인데 규칙적으로 꾸준히 하는 일은 아무것도 못하는 나는 천식과 조용히 타협하고 살지 못한다. 대학병원 끊고 익숙한 그 약들을, 이사가 잦은 집과 사무실 동네 내과, 이비인후과, 되는 대로 다니면서 처방받고 있다.

그런데 왜 내가 이번엔 엉뚱한 결심을 한 건지 모르겠다. 기침 때문에 가슴에 통증이 생기자 갑자기 화가 치밀었다. 오래 망설이던 한의원을 찾아갔다. 4개월이면 '완치'된다는 광고문구를 보고. 내가 광고를 믿을 만큼 바보는 아니지만 어떻게든 나아야겠다는 전투력이 발동했고, 꼭 나을 수 있을 것만 같았다. 그렇게 해서 먹기 시작한 약 때문에 나는 요즘 죽을 지경이 되어있다. 병원에서는 이른바 명현현상이라고 견뎌야 한단다. 응급실 실려가는 거 아닌가 싶은 기침발작을 견디는 나날들, 나도 죽겠지만 옆에서 보는 식구들도 좌불안석이다.

주부가 아프면 집이 제대로 돌아가지 않는다. 그래서 아파도 주부는 식구들이 있는 시간에는 움직이게 되어있다. 결국 주부는 혼자 있는 시간에 아프고 식구들이 있는 시간에는 아프다는 '소문'의 진원지만 될 뿐이다. 나도 그랬다. 그런데 며칠 전부터 작동이 완전 멈춰버렸다. 냉장고는 비어있고, 사다먹기 시작한 반찬은 거들떠보기도 싫다. 까무라치듯 소파에서 잠시 자고 일어난 어슴푸레한 저녁, 뭔가 먹어야겠다는 생각으로 집을 나섰다. 깔끔한 식당에서 혼자 느릿느릿 젓가락질을 하면서 다른 사람들을 구경하는 것도 재미있는 일에 속한다고 생각하는 순간, 아들한테 전화가 왔다. 월남국수 먹고 있다고 하니 아들은 반색을 하고 달려왔다. 맛있게 먹는 아들. 얼마 만에 밥을 같이 먹는 건가 모르겠다. 친구 만나러 가는 길이라던 녀석은 연신 핸드폰을 들여다본다.

식당을 나서자 나는 아들더러 먼저 가라고 했다. 나는 평소에도 걸음이 느린 편인데 지금은 거의 기어가는 수준이기 때문이다. 아들은 암말도 안하고 묵묵히 내 속도에 맞춰서 걸었다. 갑자기 기침이 쏟아졌다. 길가에 놓인 의자에 앉아서 숨을 몰아쉬어야 했다. 가래를 뱉은 휴지가 금새 내 곁에 수북히 쌓였다. 아들은 말없이 축축한 그 휴지를 모아다 쓰레기통에 갖다버렸다. 미안했다. 더러울 텐데…… 미안해서 진정이 채 되기도 전에 일어났지만 나는 몇 걸음 가지 못하고 또다시 기침발작을 일으켰다. 다시 주저앉아서 진땀을 흘리고 있는 나를 보고 있던 아들이 "사람들이 엄마 우는 줄 알겠다" 이런다. 아닌 게 아니라 지나가던 사람들이 흘금흘금 쳐다본다. 아들한테 미안하고 고마워서 차라리 우는 게 낫겠다며 웃어줬다.

아들이 불쑥 물었다.

"엄마, 내가 업고 갈까?"

어이가 없었다.

"야, 엄마가 몇 킬로인 줄 알아?"

그래도 녀석이 우겼고, 나는 정말 걷기도 힘들어서 못 이기는 척 업혔다. 엉거주춤 나를 업고 걸어가던 아들이 묻는다.

"훨씬~ 빠르네. 근데 엄마, 진짜 몇 킬로야?"

초등학교 5학년 때까지 종종 어부바를 해주곤 하던 아들이었다. 그렇게 자그마하던 체구가 고등학교 가면서 갑자기 커버렸다. 내가 죽을 병도 아니고, 아직도 집에서는 강아지라고 부르는 이 녀석한테 업혀서 가다니, 황당했다.

"내려줘."

"왜?"

"토할 것 같아."

"어? 진짜?"

아들이 놀라서 내려줬다.

"빨리 가봐. 다 왔는데 뭐."

녀석은 핸드폰을 손에 쥔 채 머뭇머뭇하더니 "다녀올게요~"했다.

그 존댓말의 여운이라니. 아들의 뒷모습을 확인할 새도 없이 다시 터져나오는 기침. 나는 그대로 길에서 허리를 못 펴고 꺼억대야만 했다. 진땀과 눈물로 범벅이 된 채로.

하루가 지났다. 기분이 바뀐다. 겨우 기침 가래 이런 것들 때문에 꼼짝 못하고 늘어져있어야 하다니 한심하기 짝이 없다. 지난 보름을 어떻게 견뎠는지 모르겠다. 바쁘던 일들은 모두 잊었다. 해야 할 일들도 '희미한 옛 추억'만 같다. 뭔가를 추스르고 다시 살아봐야겠다. 깨끗한 몸으로 살아갈 수 있도록 나를 대청소하고 싶다.

102

이렇게 해야 서프라이즈지!

눈이 오던 어제 퇴근 무렵, 슬금슬금 마음이 들뜨는데 식구들이 차례로 나가는다고 연락이 온다.

"ㅇㅂ이가 나오래!"

요런 멘트를 날리고 남편은 집을 나선다는 전화를 해오고

"학교에 갈 거임. 동아리 애들 보러"

딸한테는 이런 문자가 날아온다. 저녁에 영화 보러 나간다고 했던 아들은 집에 가서 밥을 해먹여야 하나 30초쯤 고민하다가 전화를 해봤다. 약속도 없는 모양인데 나가려는 중이란다.

"야! 니가 강아지냐? 일도 없이 눈 온다고 나가 돌아다니게!!"

고등학교 동창들이랑 밤새고 놀고 들어온 지 겨우 24시간도 안 지난 터라 소리를 빽 질러줬다. 강아지들이 눈이 오면 좋아서 팔짝팔짝 뛰는 건 알고 보면 나쁜 시력 때문이라고 들었다. 평소에는 흐릿하던 세상이 흑백으로 선명하고 또렷하게 보이니 그런 거라고 들었다. 집에 가서 밥을 안 해도 되면 사실 편하다. 느긋하게 국선도

수련을 하러 가면 된다. 그런데 그렇게나 건전하게 지내기에는 뭔가 억울한 기분이 들어 아들한테 심통을 부렸다. 혼자 나가놀 거면 기네스라도 하나 사다놓고 나가라, 눈 오는데 엄마한테 서프라이즈 선물, 이런 거 없냐, 어쩌고 궁시렁대면서. 신경질 내는 아들 말대꾸를 듣는 즉시 털어내 버리는 데는 남의 글귀가 도움이 되었다.

> 스케이트를 묶어준다든가 하는 것 같은 일들을 대신 해주었을 때 아이들이 공손하고 상냥하게 대해주면 참 기분이 좋아진다. 사실 아이들은 모두 그렇다. 정말이다. 난 그 아이에게 따뜻한 코코아나 같이 마시지 않겠느냐고 물어보았다. 그 아이는 친구들을 만나야 한다면서, 내 제안을 사양했다. 아이들이란 항상 친구를 만나야 하기 마련이다. 정말 여기에는 이길 수 없다.
>
> – 제롬 데이비드 샐린저, 『호밀밭의 파수꾼』 중에서

그래, 친구 만나러 간다지 않냐, '정말 여기에는 이길 수가 없다'고 책에도 써있는데 내가 무슨 수로 이길 거냐, 우리 아들은 무진장 '정상'인 거다, 이렇게 마음을 비우고 몸소 기네스를 사러 갔다. 첫 번째 편의점에는 기네스 빼고 모든 맥주가 다 있는 거 같았다. 그러나 하필 나는 그 순간 입맛도 까다롭고 자세하게, 부드러운 거품이 가득한 유순한 느낌의 기네스를 꼭 마셔야만 한다는 결정을 했다. 기네스를 찾

아서 미끄러운 길을 걸어 동네 모든 슈퍼를 뒤지리라, 결심을 했는데 싱겁게도 두 번째 편의점에서 기네스를 샀다.

기분좋게 집에 도착하니 아들이 막 현관을 나서는 중이다.

"야! 너……?"

내 말이 떨어지기가 무섭게 이 녀석은 진짜 짜증난다는 얼굴을 하고 엘리베이터도 마다하고 비상구 계단으로 튀어 달아났다. 그래도 별로 화가 안 났다. 든든한 기네스가 있고 집에는 맥주랑 곁들여 먹으면 딱 좋은 짭쪼름한 쌀과자도 있지 않은가, 생각하니 거짓말처럼 마음이 넉넉해지는 거였다. 그리고 들어왔는데 진짜 서프라이즈가 나를 기다리고 있었다. 식탁위에 놓인 기네스 한병과 오징어포 한 봉지, 그리고 익숙한 졸필의 아들이 남긴 메모 한장. "이렇게 해야 서프라이즈지!"

103

역사 공부를 안 하고 살 수가 있나?

토요일 저녁, 산행 떠난 남편 덕분에 이틀간 쌓인 설거지를 애 둘과 서로 미루는 중이었다. 설거지 쌓이는 걸 못 보는 남편이 있었으면 벌써 해결되었을 문제인데 은근히 신경전이다. 딸은 아이폰을 들고 제 방 침대에 누워있고, 아들은 노트북을 들여다보며 수업 시간표를 짜고 있다. 나도 질세라 식탁 하나 가득 늘어놓고 드로잉에 집중하고 있는데 아들이 "엄마~"를 불러댄다. 다 커서 엄마가 필요한 일이라고는 먹을 것 달라는 것밖에 없는 차에 반가운 마음이 든다. 제가 와서 얘기하는 게 맞지 엄마를 오라고 하는 게 맞느냐는 잔소리를 꾹 삼키고 아들 책상에 갔더니 시간표 짜놓은 것을 보여준다. 자기가 듣고 싶은 것과 들어야 하는 것 중에 고민한 흔적이란다. 포기한 과목들의 목록은 이렇다. 배드민턴/현대 건축의 이해/이주의 역사/남성문화 연구.

대학수강신청도 요새는 전쟁이다. 인기강좌는 '튕겨져' 나가서 들을 수 없는 경우도 허다하단다. 내 눈에는 인터넷 쇼핑몰의 제품 사용후기 같아 보이는 수강생들의 수강후기들을 훑어보면서 고민에 빠진 아들. 중얼중얼 고민하는 모양을 보고 있으니 어쩌면 저렇게 어렸을 때랑 똑같을까, 웃음이 난다. 어렸을 때 맛있는 과자를 주면 아이 둘이 참 다르게 행동했었다. 큰아이는 그 즉시 먹으면서 너무나 행복해하고, 그러다가 다 먹어버린다. 그러나 이 아이는 아껴두는 버릇이 있었다. 그러다가 나중에 잊어버리고 못 먹는 경우도 허다했다. 해야 하지만 하기 싫은 일에 대해서도 마찬가지였다. 큰애는 미루고 미루다가 못하고 혼나거나 실패를 하는 경우가 많고 이 녀석은 '매는 빨리 맞아버리는 게 낫다'는 스타일이었다.

어렸을 때는 애들이 어려서 그런가 보다 했는데 크면서 내내 그랬다. 그러더니 수강신청을 놓고도 그러는 것이다. 하기 싫고 빡세다는 필수과목을 두 개나 시간표에 배치하고 있는 게 아닌가. 큰애는 1학년 과목을 마지막까지 미루다가 졸업이 닥치고서도 궁시렁대면서 신청하던 걸 기억하고 말해보았다

"너무 힘들지 않을까?"

"어차피 해야 할 건데, 빨리 해치우는 게 나아!"

나쁜 건 하나도 없는 선택이지만 지난 학기 오로지 놀기만 하다가 이번 학기 갑자기 '빡세게' 공부한다는 결정이 은근히 걱정된다. 공부라는 건 재미가 있어야 하는 건데…… 이 녀석은 매사 내 의견을 잘 물어보기는 하는데 사실 자신의 선택에 반영하지는 않는다. 왜 물어보는지 모를 일이다! 내가 말을 아끼니 역사 공부에 대한 고민을 털어놓는다. 지난 학기 한국 근대사 과목을 들으려다가 중간에 포기해버렸단다. 이번에 다시 '한국사회의 형성'이라는 과목을 신청하려니 겁이 나는 모양이다.

역사 공부를 안 하고 살 수가 있느냐고 묻는다.

"당연하지, 사는 데는 별 지장없어."

짐짓 이렇게 대답했다.

"연구자로 사는 데 지장이 없다고?"

"어…… 그건 문제가 있지……! 문제가 많을걸?"

어려서부터 워낙 따지기 좋아하는 아이를 키우면서 연구자가 되는 게 좋겠다고 생각했었다. 그렇지만 아이들은 부모와는 다른 삶을 동경했고, 이리저리 부딪힌 끝에 나도 아이들의 선택에 참견하고 싶지 않아졌었다. 참 다양하게, 부지런히도 논다, 싶었던 이 녀석이 공부를 직업으로 택할 생각을 하는 게 신기하기도 하고 조심스럽기도 했다.

"이것저것 다 생각하면 어려워. 지금 너한테 중요한 건 전공탐색이잖아. 학점이고 뭐고 재미있는지 알아보는 게 중요하지!"

옛날 같으면 좀 더 많은 얘기를 해줘서 결국은 더 헷갈리게 만들었겠지만 그쯤 해두고 나는 물러났다. 시간표를 접고도 군대 등등 '미래' 문제로 고민하던 아들은 새벽같이 동해바다를 보러 떠났다. 아침에 떡국 해주랴, 하고 묻는 내게 뭐하러 일요일에 새벽부터 일어나느냔다. 그래도 어쩐지 뭔가 먹이고 싶어서 샌드위치를 싸놓고 잤다. 아침에 일어나보니 다 먹고 갔다. 마음이 좋다.

104

군대 가기 싫어

아들이 오늘 아침 신체검사를 받으러 갔다. 나름대로 1년 후에 입대한다는 계획을 세워놓았고 뭐든 할 거면 설렁설렁 하는 거보다 '빡센' 게 좋다고 최전방 배치도 괜찮다고 하던 차였다.

어젯밤, 새벽 7시 반까지 영등포역으로 가야 한다면서 집에서 나가야 하는 시간을 계산하고 있었다. 아들이 군대를 가면 부모들이 울고 그런다는데 신체검사라서 그런지 나는 아무 느낌도 없었다. 그래도 어두컴컴한 새벽에 일어나 재미없는 일을 하러 가는 아들을 위해서 누룽지라도 끓여줄 생각은 했다. 그러나 오늘 아침 7시가 다 되어서야 눈이 떠졌고, 순간적으로 아들이 신체검사 받으러 간다는 사실도 잊고 있었다. 불면증에서 풀려난 요즘, 잠을 너무 잘 자는 탓인가 보다. 아들한테 좀 미안했다. 출근길에 전화를 걸어봤다. 받지 않는다. 아직 안 끝났나? 나중에 전화라도 한 통화 해주면 좋으련만.

오늘 아침엔 버스를 탔다. 택시와 자동차와 지하철과 버스 중에서 나는 그때그때 교통수단을 결정하는데 오늘은 햇살을 느끼며 버스를 타고 책을 읽고 싶었다. 드로잉에 관한 책을 읽으며 한적한 버스 안의 시간을 즐기는 동안 아들 생각은 까맣게 잊었다. 여유만만하게 슈퍼에서 드링킹 요구르트까지 하나 사서 사무실에 들어오니 아들한테 전화가 온다. 목소리가 별로다.

"피곤한 모양이네?"

"아니."

"어…… 엄마가 아침도 못 해주고 미안하다, 야."

"에이! 됐어."

유난히 단답형인 데다가 뭔가 짜증스런 기색이다.

이제까지 경험해보지 못했던 새로운 세상을 어떻게 느꼈을까 궁금했는데 바로 답이 나왔다. 한마디로 "병무청 너무 싫어"였다. 모든 게 너무 대충이고 너무 형식적이란다. 그뿐이겠는가. 군대라는 곳에 다녀오면 어떻게 변할지 짐작할 수가 없다.

이 녀석은 이상하게도 아주 어렸을 때부터 "군대에 가기 싫다"는 말을 입에 달고 살았다. '군대' 같은 낱말을 입에 올리는 것도 이상한 어린 시절이었다. 나는 종종 그건 그때 가서 생각하자든가, 초등학교부터 다니고 보자든가 등등의 말로 주의를 환기시키곤 했는데 한번은 왜 그런지 물어본 적이 있다. 대답도 참 아이처럼 단순하고 확실했다. '군대에 가면 높은 사람 시키는 대로 해야 한다'는 것이었다. 과연 그럴 것이다. 그러나 도대체 군대에 가본 적도 없고 제 아빠는 집에서 군대 이야기 한 마디도 하는 적이 없는데 도대체 어디서 무슨 소리를 들은 걸까, 참 이상했다. 게

다가 그 무렵 이 아이는 어른 말을 잘 듣는 '착한 어린이'라서 누군가 시키는 대로 하는 게 그렇게 싫은 일일까 싶기도 했다. 아이들의 삶에는 부모가 모르는 일이 꽤 많이 일어난다. 부모는 그런 여지를 두고 아이를 관찰해야 하는 거 같다.

남녀가 평등하다고 하지만 군대문제만은 뭐라고 말하기 어렵다. 제 아빠는 군대에 대해서 어차피 해야 할 일이니까 남들 다 하는 대로 빨리 해치우는 게 낫다는 견해를 가지고 있고, 제 누나는 저 녀석은 군대나 보내버려야 한다는 의견을 내놓는다. 나도 병역 때문에 무슨 문제 생기는 꼴을 뉴스에서 하도 봐서 그런지, '제대로' 빨리 다녀오는 게 좋겠다는 생각을 한다. 그러나 모든 사람이 군대는 안 갈 수 있으면 안 간다고 하고, 아들 군대 보내면서 눈물 안 흘리는 엄마가 없다니까 뭔지 모를 막연한 걱정과 불안에 휩싸일 때가 있다. 내 불안을 내가 자세히 들여다보니 또렷이 잡히는 게 있다. 섬세하면서도 고집스런 아들 녀석의 성격이 걱정이 되는 것이다. 그 위에 '높은 사람 시키는 대로' 하는 게 싫다던 말이 오버랩된다.

일 년 후에 일어날 아들의 군대생활을 놓고 벌써부터 소설 쓰고 앉아있을 일은 없지만 뉴스에서 심심찮게 보도되는 군대 내 폭력사건 외에도 군입대가 영원한 이별이 되어버린 순하디순하던 친구 애인도 생각나는데 군대에 가본 적도 없을 뿐만 아니라 도대체 군대라는 곳에서는 자기 생각이 강한 부류의 인간들이 어떻게 살아남을 수 있는지 알 방법이 없는 나로서는 조언과 교육 같은 건 원천적으로 불가능하고 막연히 걱정되지 않을 수가 없다. 거기도 '사회'이니, 친구 잘 사귀고 환경 적응력이 뛰어난 녀석이 그럭저럭 잘 지냈으면 좋겠다는 소박한 바람을 가질 뿐이다.

내 아들이 군대에 간다니…… 인생에는 자기가 한 번도 상상하지 않은 일이 이렇게 아무렇지도 않게 일어난다.

105

백수 딸

오늘도 동동거리다 사무실로 뛰어들어오는 길이다. 어떻게 된 건지 한번 잘못 돌아가기 시작한 컨베이어벨트는 구조조정이 잘 안 된다. 아무래도 대수술이 필요한 듯하다. 여러 가지 일을 전화로 처리하면서 동시에 장을 봐다가 집에 대강 던져놓고 올 요량으로 사무실을 나섰는데 배가 고프다. 집에서 놀고 있는 딸한테 점심 좀 차리라고 했다. 설마 했는데 문자가 오기 시작한다. 밥은 몇 분 데우는겨? 무시하고 정육점으로 생선가게로 뛰고 있으니 또다시 핸드폰이 디리리리릭~ 울린다. 알 몰!!! 이크, 한 성질 하는 딸이 무서워서 얼른 전화를 했다.

"어, 밥은 엄마가 들어가서 데울게, 두부 좀 부쳐볼래? 할 수 있어?"

"못해!"

"그럼 계란말이."

"싫어, 아무것도 안 할 거야!"

기집애, 약속하기는!

안된다니까 뭐라도 꼭 먹어야 할 거 같아서 바로 썰어서 먹을 수 있는 뜨끈한 두부를 샀다. 현관문을 들어서는데 계란부침 냄새가 진동을 한다. 밥상을 보니 커다란 접시에 콩나물 한 젓갈, 시금치나물 한 젓갈, 깻잎 서너 장, 어묵 조림 몇 조각, 계란말이 한 줄이 불쌍하게 담겨있다. 웃음이 터져나왔다. 이건 완전히 내가 설거지하기 싫을 때 내놓는 모둠반찬 접시다. 가정교육이 중요하긴 중요한가 보다. 난생 처음으로 딸이 차려준 밥상을 받는데 우스운 걸 꾹 참고 바쁜 척 허둥대다 보니 밥 그릇 국그릇이 하나씩이다. 혼자 앉아서 녀석이 차려준 밥을 먹는 기분이 괜찮은데 왜 그렇게 안 넘어가고 얹히는 느낌이던지……

기껏 키워놓으니 (남들은 이러쿵저러쿵 말을 하지만 나로서는 그래도 열심히 키웠다) 백수가 되어버린 우리 딸. 안타깝지만 뭐라 말할 처지가 아니다. 돌아보면 나도 철 들고 나서 엄마 말 들어본 적이 없고 내가 지금 뭐가 되어있다면 그나마 다 엄마 말 안 들은 덕이니. 어쨌거나 밥도 차려줄 수 있는 '백수' 딸이 무지 좋다는 생각이 든다. 진심으로.

지금도 백수인데 이렇게 백수였던 적이 또 있었나 보다. 대학을 2년인가 3년 다니다가 휴학을 했던 때였나 보다. 나는 왠지 백수라는 말이 좋다. 이 녀석이 중학교 때였나? 똑똑한 사람 좀 봤으면 좋겠다고 했다. 애들 보기에 엄마 아빠는 둘 다 너무 헐렁하고 시시했던 모양이다. 엄마 아빠가 나름대로 박사공부를 했고 대학교 선생님이니까 그 정도면 똑똑한 거로 봐야 할걸? 하고 대꾸해봤지만 콧방귀도 뀌지 않았다. 가만보니 딸이 생각하는 똑똑한 사람이란 넥타이를 매거나 투피스를 단정하게 차려입은 뭔가 스마트한 분위기가 저절로 풍기는 사람을 말하는 거 같았다. 그래서 말해줬다. "너, 이담에 커서 삼성이나 엘지 뭐, 그런 대기업에 다녀봐. 그런 데 가면 '똑똑한 사람들' 실컷 볼 수 있을 거야." 하고. 중학생이면 뭘 알 만도 한데 어리숙한 편인 우리 딸은 진심으로 믿는 것처럼 고개를 끄덕끄덕했다.

그러던 딸이 다 커서 진짜로 대기업 취업시험 준비를 한다고 고생이다. 왜 그러는지 모르지만 나는 구경 났다는 심정으로 지켜본다. 사흘쯤 저러다 관둘 건지도 모르겠다는 심보로. 아니나 다를까 엊그제는 이랬다. "내가 대기업에 안 맞는 형일까?" 안 맞는 형이면 떨어진다. 필기시험이든 면접시험이든 서류전형이든 어디서든 떨어진다. 그래도 이제는 차마, 어렸을 때처럼 그렇게 적나라한 진실을 말해주지 못한다. 자기 앞에 닥친 일이 아닐 때 가질 수 있었던 여유로움이라니.

106

I've been to the hell and back, let me say it was wonderful!

내 친구 말을 빌리면 발에 채이는 게 책인 집에서 자라는 우리 딸이 책을 많이 읽는 건 당연한지도 모르겠다. 사연은 복잡하지만 어쨌든 이 아이는 저절로 글을 깨쳤고 책은 절대 안 읽을 거고 공부도 안 할 거라고 했지만 글자를 깨치자마자 하루 종일 책을 읽어댔다. 책 많이 읽는 건 중요하다고 생각한 나는 무얼 읽어도 내버려두었고, 책에 관한 한 사달라는 대로 사줬다.

그랬더니 우리 애들한테 책이란 절대로 선물이 될 수 없는 듯이 보였다. 아무리 재미있는 책을 사다줘도, 좋아는 해도 뭔가 억울한 표정이었다. 애들이 초등학교 때는 그래서 책을 선물하지 않았다. 어린이날에는 물론이고 생일이나 크리스마스에도 남들에게는 책 선물을 권하면서 정작 우리 애들에게는 그럴 수가 없었다. 그러나 다 크고 나서는 아이들을 좀 설득해야겠다는 생각이 들었다. 필요는 없지만 가지고 싶은 물건들은 세상에 넘쳐나지만 그런 것들에 마음을 주기 시작하면 끝이 없을 것이고 사실 책이란 얼마나 훌륭한 선물인가 말이다.

다음은 우리 딸이 대학을 좀 다녀보고 휴학을 결심할 무렵 생일선물과 함께 주었던 카드에 적었던 내용이다. 저 문장이 쓰인 카드는 마치 모시 조각보와도 같은 은은한 느낌의 추상화에 곁들여 있었는데 그 조용함에 깜짝 놀랐던 기억.

착하고 예쁘고 똑똑한 우리 딸에게

책 선물은 정말 그렇게 후진 걸까? 네 생일선물로 무얼 해줄까 고민하다가 엄마는 그래도 책을 선물하기로 했다. 마침 신문에 르클레지오에 대한 기사가 났네. 르클레지오의 조서(le proces verbal)를 사기로 했다. 엄마가 대학교 때 좋아하던 작가야. 그땐 아주 낡은 세계문학 전집 속에 들어있던 것을 연세대학교 도서관에서 빌려 읽었지. 이 분이 지난 한 학기 이화여대에서 강의를 했는지 몰랐네…… 내년 한 해도 있을 모양. 엄마는 옛날에 이런 강의가 있으면 어디고 달려가서 청강을 했었는데…… 그때 박이문 선생님의 철학 강의를 서울대학교까지 달려가서 들었던 기억이 난다. 책과 강의에 목이 마르던 시절이었지.

하필 생일날 받은 성적표에 기분이 안 좋겠지만 이제 그만 성적에서 해방되기 바란다. 예나 지금이나 대학공부에서 실력과 성적은 비례하는 건 아니라고 본다. 차라리 잘된 건지도 몰라. 이제야말로 진짜로 '선택'을 할 때. 느긋하게 책이나 읽으면서 한 철을 보냈으면 좋겠다만 불어시험 때문에 좀 안됐다. 하지만 또 어쩌면 그게 나을 수도 있어. 한 가지 정도는 매달려서 하는 일이 있어야 시간 사용에 리듬이 생기거든. 목표를 잡고, 계획을 세우고, 대안도 생각해두면서 학교 안 다니는 신나는 휴학생활을 즐길 수 있기를 바란다.

이번에 런던에서 테이트 모던 갤러리에 갔을 때 엄마는 기분이 참 좋더라. 얘들 셋이 지겨워서 기다리는데 혼자서 신나게 돌아다니다가 산 카드야. 루이즈 부르주아 Louise Bourgeois. 이름이 웃기지? 이 사람 특별전시를 하는데 굉장하더라. 이름처럼 진짜 부르주아 출신이더라. 역경을 딛고 일어선…… 식의 통념을 깨는 예술가. 아버지가 의사였고 파리의 명문 중고등학교 다녔고 등등…… 아주 늙어서까지 작품을 한 게 부럽더라.

재밌는 건 엄마가 감탄하면서 본 게 온갖 아름다운 사람들 초상 곁에 쪼글쪼글 늙은 할머니를 드로잉한 작품이었는데 정말 늙은 할아버지 한 분이 까만 옷을 입고 선 채로 스케치북에 그 그림을 베껴 그리고 있는 거야. 사람이 늙으면 자기 얼굴에 책임을 져야 한다는 말, 너네들은 아는지 모르겠다만, 노인들의 얼굴은 대략 그 자체가 한 편의 드라마, 라고 엄마는 생각한다. 이 작품, 어쩐지 동양적이지 않니? 그 안에 쓰인 문구만 제외하면!

어쩌면 다시 오지 않을 네 인생의 가장 자유로울 한 계절을 위해 엄마는 너한테 책을 사다 나르기로 했다. 책 속에 맘껏 빠져들고 지겨워하고 졸고 그러다가 길을 잃기도 하겠지만 결국은 그 속에서 행복해지고 길을 찾게 될지도 몰라. 아주 부자가 될지도 모르고, 남들이 흉내 낼 수 없는 매력을 갖게 될지도 모르지. 어쩌면 진짜 게으름뱅이가 될지도 몰라! 특히 너처럼 책은 누워서 읽는 거라고 생각하는 애는.

부디 멋진 모험이 되기를. 열아홉 번째 생일, 이미 너무 멋진 우리 딸, 어렸을 때처럼 독서광으로 다시 태어나기를 바라며,

2007년 12월 29일 엄마가

에필로그

내가 나인 것

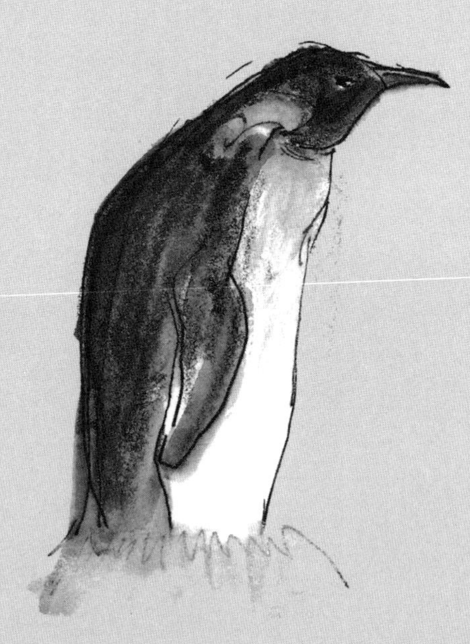

여기에 실린 글은 2004년부터 2011년까지 8년 동안 쓴 것이다. 뺀 것도 좀 있고, 안 한 얘기, 못한 얘기도 많은데 분량이 원고지로 1천매가 훌쩍 넘어버렸다. 이렇게 써놓고 나니 좀 민망하다. 이런 말은 멋진 작품을 써놓고 해야 하는 것 같은데 이 글은 그야말로 시시콜콜한 삶의 기록에 불과하기 때문이다. 게다가 지금 읽어보니 계면쩍게도 내가 바쁘고 힘들다는 얘기만 반복해 놓았다. 이것들을 한꺼번에 정리하자니 힘은 좀 들었다. 양이 많아서 물리적으로도 그랬지만 심리적으로도 그랬다. 끊임없이 무언가와 싸우며 그래도 여기까지 와서 드디어 마침표를 찍는다. 안도감과 후회가 동시에 밀려온다. 그렇지만 이런 것조차 쓰지 않았다면 나는 내가 엄마인 것과 내가 나인 것 사이에서 훨씬 더 힘들어했을 것이다. 말 많은 걸 몹시 싫어하는 나는, 아이들 얘기를 할 때면 참 쉽게도 수다쟁이가 되어버린다. 하지만 이제 끝이다. 아이들 얘기는 그만해야 겠다. 이제는 내가 엄마인 것보다 내가 나인 것에 집중하는 것이 나을 것이다. 여러모로 그럴 것이다.